青海省地质勘查成果系列丛书

青海东部土壤地球化学背景值

QINGHAI DONGBU TURANG DIQIU HUAXUE BEIJINGZHI

苗国文 马 瑛 著

中国地质大学出版社
ZHONGGUO DIZHI DAXUE CHUBANSHE

内容提要

青海省东部土壤背景值是在多目标区域地球化学调查和土地质量地球化学调查的基础上进行的系统研究。本书通过土壤地球化学特征研究,揭示了影响土壤地球化学特征的主要因素,统计计算了不同成土母质单元的土壤背景值和基准值。

本书通过对影响土壤元素含量的各种因素的探讨,总结了青海省东部土壤基准值和背景值的特点与规律,揭示了土壤地球化学行为规律,可作为地质、环境、生态、农学等相关专业科技人员的参考书籍。

图书在版编目(CIP)数据

青海东部土壤地球化学背景值/苗国文,马瑛著. —武汉:中国地质大学出版社,2020.6
(青海省地质勘查成果系列丛书)
ISBN 978-7-5625-4798-3

Ⅰ.①青⋯
Ⅱ.①苗⋯ ②马⋯
Ⅲ.①土壤地球化学-研究-青海
Ⅳ.①S153

中国版本图书馆 CIP 数据核字(2020)第 098521 号

青海东部土壤地球化学背景值　　　　　　　　　　　　　　　　　　　　　苗国文　马　瑛　著

责任编辑:王　敏	**选题策划:**张　旭　毕克成	**责任校对:**徐蕾蕾

出版发行:中国地质大学出版社(武汉市洪山区鲁磨路388号)　　　　　　　　邮编:430074
电　　话:(027)67883511　　　传　　真:(027)67883580　　　E-mail:cbb@cug.edu.cn
经　　销:全国新华书店　　　　　　　　　　　　　　　　　　　　　http://cugp.cug.edu.cn

开本:880毫米×1 230毫米　1/16　　　　　　　　　　　　　　　字数:301千字　　印张:9.5
版次:2020年6月第1版　　　　　　　　　　　　　　　　　　　　印次:2020年6月第1次印刷
印刷:武汉中远印务有限公司　　　　　　　　　　　　　　　　　　印数:1—500册

ISBN 978-7-5625-4798-3　　　　　　　　　　　　　　　　　　　　　　　　定价:128.00元

如有印装质量问题请与印刷厂联系调换

《青海省地质勘查成果系列丛书》编撰委员会

主　　任：潘　彤
副 主 任：孙泽坤　党兴彦
成　　员（按姓氏笔画排列）：
　　　　　王　瑾　王秉璋　李东生　李得刚　李善平
　　　　　许　光　杜作朋　张爱奎　陈建洲　赵呈祥
　　　　　郭宏业　薛万文

《青海东部土壤地球化学背景值》

主　　编：苗国文　马　瑛
副 主 编：姬丙艳　许庆民　许　光
编写人员：沈　骁　代　璐　刘庆宇　刘长征　田兴元　段星星
　　　　　杨映春　姚　振　马风娟　潘燕青　张亚峰　韩思琪
　　　　　张　浩　贾妍慧　马　强　黄　强

序

为了紧密围绕国民经济和社会发展需求，中国地质调查局于1999年开始在广东、湖北、四川等省实施多目标区域地球化学调查试点工作。从2002年起，全国多目标区域地球化学调查工作正式启动。2005年，经温家宝总理批示，财政部设立"全国土壤现状调查及污染防治专项"，由国土资源部和环保部共同负责，对多目标区域地球化学调查工作进行专项支持，调查工作扩大到全国31个省（区、市）。2016年，土地地球化学调查工程开始实施，在全国持续推进调查评价工作。

2004年，青海省多目标区域地球化学调查开始试点工作，此项工作得到了青海省委、省政府领导的高度重视和积极评价，时任省委书记、省长均作了重要批示。青海省地质矿产勘查开发局、青海省第五地质勘查院瞄准经济社会发展对地质工作的新需求，积极转变观念，对项目的顺利实施、成果转化、后续的实施拓展做了大量的工作，开创了青海省生态农业的新局面。通过项目的实施，青海省第五地质勘查院锻炼出了一支敢打硬仗的高素质地质调查队伍，这也为其今后的发展打下良好的基础。

青海省多目标区域地球化学调查工作具有后发优势，在全国多目标区域地球化学调查的基础上，立足自身特点，积极争取地方资金支持，开展了大量的后续调查评价工作。通过一系列项目的实施，查明了青海东部土地地球化学质量，建立且完善了青藏高原特殊景观区调查评价方法技术体系，提出了某些类型土壤元素富集的新理论，拓展了人居环境调查评价的新领域，建立了特色农业发展助力精准脱贫的新模式。2016年12月，项目成果通过了鉴定评审，评审专家一致认为，成果总体水平达到了国际先进水平。

为更好地发挥示范作用，青海省地质矿产勘查开发局组织编写了《青海省地质勘查成果系列丛书》，相信系列丛书的出版，一定会受到国内同行的欢迎，一定会给从事地质矿产勘查、地质环境评价的工作者们以新的启迪和收获。在此，感谢青海省地质矿产勘查开发局、青海省第五地质勘查院对地质勘查工作所做出的贡献，感谢项目全体成员的辛勤劳动。

成杭新

2019年10月15日

前　言

2016年12月16日，青海省科技厅组织专家在西宁对青海省第五地质勘查院承担的"青藏高原北缘生态地球化学成果及经济效益示范"项目进行了科技评审。与会专家一致认为，项目水平达到国际先进水平。该项成果较为全面地反映了青海省多年来在多目标区域地球化学调查和生态地球化学调查评价等方面取得的成绩，也为今后省内发展特色现代农业、开展生态环境相关研究提供了示范和经验。同时，此项成果的认定，也是对青海省多年来生态地球化学评价工作的肯定和认可。

一

全国多目标区域地球化学调查工作始于1999年，作为西部欠发达省份，青海省一直未开展此项工作。青海省虽然土地面积很大，但却是农业小省；自然资源丰富，彼时却以矿产资源开发为主；生态位置重要，但生态保护还未上升到如今的高度。因为种种原因，青海省未能从一开始就与全国同步开展多目标区域地球化学调查工作。

青海省地质矿产勘查开发局孙泽坤等对全国多目标区域地球化学调查工作的开展一直保持密切关注，同时敏锐地发现在青海省开展此项工作的广阔前景。通过对青海省社会经济发展的系统分析和多方沟通，2004年青海省国土资源厅设立了由省财政出资的"青海省互助、平安、湟中、大通和西宁市区环境地球化学调查"项目，由此开启了青海省多目标区域地球化学调查工作。青海省区域化探本身具有良好的基础，具备专业的队伍、先进的实验室等条件，所以试点工作研究水平也很高。本次调查工作不仅系统地厘清了52种元素的生命意义，更是从地质角度出发，从更深层次解释了土壤地球化学特征，同时建立了评价模型，对富硒土壤、重金属污染等生态问题进行了深入的研究。所获成果时至今日仍然是后续工作的重要参考依据和研究思路、方法技术的宝库。

随着全国多目标区域地球化学调查工作的持续开展，从2008年开始，青海省逐步被纳入到全国性地质调查工作中来，逐步完成了海东市、青海湖东部、黄河谷地、门源盆地等地区的多目标区域地球化学调查工作。在区域调查的基础上，针对发现的富硒、富锗土壤等资源，青海省国土资源厅陆续设置了一系列调查评价项目，对资源的可利用性和后期开发进行了较为系统的研究，同时开创性地开展了柴达木盆地绿洲农业生态地球化学评价工作，为各项成果转化和产业发展提供了坚实的技术支撑。

在项目的实施过程中，青海省委、省政府主要领导对此项工作高度重视，对富硒农业建设做出了重要批示。国土资源厅李智勇副厅长听取项目成果汇报，并促成召开了成果发布会。中国地质调查局奚小环副主任、李宝强处长等相关领导、成杭新博士、杨忠芳教授等专家多次亲临现场，了解项目进展，帮助解决实际问题。

青海省多目标区域地球化学调查工作是省内的一项创新性工作,开创了特色生态农业的新局面,在省内产生了广泛的社会影响。海东市平安区根据富硒研究成果,召开了3次富硒产业高峰论坛,海西州召开了柴达木富硒成果新闻发布会,这些都是全省现代农业发展的良好开端。

二

生态地球化学评价是一项全新的、系统的、包括整个生态系统的调查评价工作。根据青海省的实际情况,此项工作一是为青海省从以矿产资源开发为主向生态保护和资源开发并重提供基础科技服务,二是研究地质科学与农学、环境学、生态学、医学等多学科的融合,三是探索地质工作服务于社会经济各个方面的新路子。这对地质工作者来说是一个极大的机遇和挑战,也是地质勘查工作走向"大地质"的必然选择。

青海的生态地球化学评价工作包括多年完成的环境地球化学调查、多目标区域地球化学调查、土地质量地球化学调查、农业地球化学评价等多项工作。目前已完成1∶25万土壤调查面积3.2万 km^2;针对调查发现的各种生态问题,陆续开展富硒、富锗、污染、地方病、生态保护等相关评价、监测、研究等工作;在此过程中也开展了平台建设、标准制定、规划编制等工作,取得了丰硕成果,为青海省现代农业、生态建设提供了重要的基础资料。

系统查明了青海东部土壤地球化学质量。调查表明,一等、二等优良土壤占比达到65.75%,广泛分布于全区,土壤环境清洁、养分中等至丰富。环境质量较差的四等、五等土壤面积比例仅占3.24%,主要分布在尕海及龙羊峡东南沙漠覆盖区、中部拉脊山的群加—昂思多—峡门—金源地区,在西宁市、甘河滩及罗汉堂西有小面积分布。尕海及龙羊峡东南沙漠覆盖区土壤环境清洁但养分缺乏,为四等土壤;拉脊山局部地区土壤环境轻度—重度含量偏高,土壤养分丰富,为四等—五等土壤;西宁市及甘河滩地区土壤环境轻度—中度含量偏高,土壤养分中等;罗汉堂西土壤环境较差,土壤养分较缺乏。

发现富硒土壤面积5 000 km^2,确定适宜种植的富硒作物17种。青海东部富硒土壤形成"三区两带"的分布特点,"三区"分别为刚察北部硒高值区、金银滩硒高值区和西宁-乐都硒高值区,"两带"为环湟水谷地硒高值带和黄河南山硒高值带。通过对48种作物的数量、硒含量及其与土壤硒的相关性进行统计,确定富硒作物七大类共计17种。

提出了新的理论,完善了方法技术。首次提出了盐水湖相沉积型富硒土壤,通过提取不同地质时期西宁-民和盆地的表征元素,重建盆地的演化历史,确定富硒土壤的来源、沉积时期、沉积相、沉积环境、后期影响因素,确定了盐水湖相沉积型富硒土壤。通过对青海东部地球化学景观区的划分、土壤地球化学主要影响因素的分析和生态系统元素迁移过程的研究,建立完善了青藏高原特殊景观区生态地球化学评价方法技术体系。

建立了青藏高原北缘生态地球化学经济效益示范。通过生态地球化学评价工作,在海东市平安区建立了"高原硒都",被评为全国十大"富硒之乡"。以富硒产业的发展推动精准扶贫,建立了生态地球化学服务精准扶贫的"平安模式",开创了前景规模达100亿元的富硒产业。

搭建了富硒科技平台。青海省地质矿产勘查开发局和海东市成立了高原富硒资源应用研究中心,建立了富硒种植研究示范基地,持续提供富硒作物筛选、富硒标准制定等服务,为富硒产业建设和发展提供了强有力的技术支撑。

三

习近平总书记在视察青海时指出,"青海最大的价值在生态、最大的责任在生态、最大的潜力也在生态"。青海省生态地球化学评价工作的探索和实践,其重要意义已经初步显现,并将随着实践的推移进一步显示出来。但地质工作要切实服务好社会经济的各个方面,还任重道远,尤其是服务于青海省的生态建设,地质工作具有深厚的理论基础,也具有广阔的工作空间。生态地球化学评价工作还要持续地深入推进。

一是加强青海省草原区的生态地球化学评价工作。青海省耕地面积仅有882万亩(1亩=666.67m²),前期土地质量地球化学调查主要针对耕地区开展。青海省作为全国"四大牧区"之一,草场资源丰富,需加强草原区土地质量地球化学调查相关方法技术和成果的相关研究,积极推进草原区工作的开展。

二是加强生态保护、生态修复等方面的研究工作。青海省在生态方面的重要位置,决定了生态保护、生态修复方面的研究是今后一段时期内的重要科研工作。生态地球化学与生态具有天然的契合性,要全面研究青海省的生态价值、生态责任和生态潜力,在生态保护、生态建设、生态修复研究等方面提供技术支撑。

三是加强多学科的融合和链接。生态地球化学在很多方面的研究工作中具有独特的优势,但在不同领域以及平台建设、标准制定等方面存在欠缺。对此,需要加强农学、环境学、气候学、植物学、土壤学、计算机科学等专业的融合,培养和引进延伸专业领域的人才,建立多学科、多领域的专业优势,提供从调查研究到解决方案的"一站式"服务,找到农业地质、环境质量调查等工作的出口和出路,从而拓展和延伸服务领域。

青海省生态地球化学评价工作取得了一定的成果,但服务于社会经济方方面面的"大地质"工作还仅仅是一个开始。为进一步深化对已有成果的认识,促进成果的交流,青海省地质矿产勘查开发局组织了《青海省地质勘查成果系列丛书》的编写工作。本书从基础方面提供了青海东部土壤背景值和基准值的研究成果,可供国内同行借鉴。本书由中国地质科学院地球物理地球化学研究所成杭新教授进行了审阅,得到了青海省地质调查局李世金局长的支持与指导,在此深表感谢!

著 者

2019年10月

目 录

第一章 绪 论 (1)
第一节 土壤背景值研究现状 (1)
第二节 研究区概况 (3)

第二章 区域背景 (8)
第一节 区域地质特征 (8)
第二节 水系沉积物地球化学特征 (24)
第三节 区域土壤特征 (28)
第四节 土地利用现状 (41)

第三章 工作方法技术 (43)
第一节 土壤调查方法 (43)
第二节 综合研究方法 (45)

第四章 土壤地球化学特征 (50)
第一节 元素丰度特征 (50)
第二节 元素富集离散特征 (55)
第三节 元素组合特征 (57)
第四节 不同母质土壤中元素地球化学特征 (66)
第五节 不同类型土壤中元素地球化学特征 (76)

第五章 土壤地球化学基准值 (86)
第一节 数据分布形态检验 (86)
第二节 第四纪沉积物成土母质元素地球化学基准值 (86)
第三节 沉积岩风化物成土母质土壤基准值 (95)
第四节 中基性火山岩风化物成土母质土壤基准值 (101)
第五节 中酸性侵入岩风化物成土母质土壤基准值 (103)
第六节 变质岩风化物成土母质土壤基准值 (104)

第六章 土壤地球化学背景值 (107)
第一节 数据分布形态检验 (107)
第二节 第四纪沉积物成土母质元素地球化学基准值 (107)

第三节　沉积岩风化物成土母质土壤背景值 …………………………………………………… (116)
　　第四节　中基性火山岩风化物成土母质土壤基准值 …………………………………………… (121)
　　第五节　中酸性侵入岩风化物成土母质土壤基准值 …………………………………………… (123)
　　第六节　变质岩风化物成土母质土壤基准值 …………………………………………………… (125)
第七章　影响因素分析及应用 …………………………………………………………………………… (128)
　　第一节　土壤背景值和基准值差异因素分析 …………………………………………………… (128)
　　第二节　元素地球化学承袭性 …………………………………………………………………… (128)
　　第三节　土壤风化淋溶 …………………………………………………………………………… (130)
　　第四节　元素时空演化规律 ……………………………………………………………………… (132)
　　第五节　土地沙漠化、盐渍化遥感地球化学协同监测 ………………………………………… (135)
主要参考文献 ……………………………………………………………………………………………… (139)
后　记 ……………………………………………………………………………………………………… (140)

第一章 绪 论

第一节 土壤背景值研究现状

一、土壤背景值与基准值

土壤背景值一般叫作土壤环境背景值,指的是在不受或很少受人类活动影响和现代工业污染及破坏的情况下,土壤固有的化学组成和结构特征。自人类几千年来不断地扩大活动范围尤其是工业化进程,已经很难找到完全不受影响的土壤;对土壤影响较大的土壤母质、成土过程、自然条件等因素具有一定的复杂性,土壤元素分布也是不均匀的,从而造成难以确定土壤环境背景值。因此,土壤环境背景值在时间和空间上都具有相对的含义,是统计性的,反映的是土壤在一定自然历史时期、一定范围内元素的丰度。

土壤地球化学基准值是指未受人类活动影响的土壤原始沉积环境地球化学元素含量,这一概念由中国地质调查局提出,并写入《多目标区域地球化学调查规范》(DD 2005-1)。土壤地球化学基准值中所指的未受人类活动影响的土壤,指的是多目标区域地球化学调查的深层土壤样品,由于深层土壤长期处于相对封闭的空间,理化性质也相对稳定,所以由此来统计基准值,能较好地解决土壤原始状态下元素含量的确定问题。

由此,土壤环境背景值和土壤地球化学基准值的含义较为明确。前者反映的是土壤在各种因素综合影响下的土壤元素丰度,后者反映的是不受人类活动影响下的土壤元素丰度。二者在空间上均具有不均匀性,随时间也有相应的变化,而前者相对显著。

二、国外研究现状

国外土壤环境背景值研究开展得较早,美国地质调查局于20世纪60年代开始,以80km×80km间隔完成了全国范围内的土壤调查工作,前后分析近50种元素。1984年发表的《美国大陆土壤及其他地表物质中的元素浓度》专项报告,是国际上规模较大和系统性较强的专题研究。

苏联于20世纪70年代开展了农业地球化学调查,俄罗斯于20世纪90年代开展了多目标地球化学调查工作,获得了包括土壤、岩石等在内的地表物质30多种元素的含量。

英国和日本于20世纪70年代末期开展了全国范围内的土壤调查工作,分析元素相对较少,也都给出了土壤中元素的含量水平。

加拿大、挪威、罗马尼亚等30多个国家和地区也都开展了土壤环境背景值的研究工作,测试元素各不相同,累计达60多种。

三、国内研究现状

我国土壤环境背景值研究工作始于20世纪70年代中期,主要是由中国科学院相关研究所在北京、南京、广州等地区,会同环境保护部门开展的环境背景值研究。随着此项研究工作的发展,全国范围内不同单位开展了多次较大规模的调查研究工作,主要有区域地球化学调查、全国土壤背景值调查研究、第二次土壤普查和多目标区域地球化学调查。

1. 区域地球化学调查

1978年,谢学锦等提出了区域化探全国扫描计划,地质矿产部组织部署,统一实施。此项工作以水系沉积物为主要采样对象,分析测试39种元素指标,至21世纪全国已完成调查面积700余万 km^2。

青海省作为第一批试点省份,截至目前共完成区域地球化学调查57.5万 km^2,获得测试数据300多万个,并建立了数据库。通过这些工作,获取了不同地质单元水系沉积物元素含量和相关地球化学参数,第一次系统地建立了青海省水系沉积物元素地球化学背景值。水系沉积物是地层岩石风化产物,同时也是土壤的母质之一,其地球化学背景值不仅是岩石等地表物质背景值的反映,也是研究土壤环境背景值的重要参考依据。

2. 全国土壤背景值调查研究

1982年,中国环境监测总站组织有关部门和单位在东北、长江流域和珠江流域开展了土壤和水体环境背景值研究,参加协作的科研单位有51个。在湘江谷地和松辽平原采集土壤样品1 364件,分析测试了8项元素指标,部分样品加测了20~30个项目,获得了这些元素指标的背景值,同时研究总结了土壤背景值的方法和技术规定。

"七五"期间此项工作继续开展,由中国环境监测总站、北京大学地理系、中国科学院沈阳土壤生态所为组长单位,各省、市、自治区60余家单位共同参与。调查范围包括29个省、市、自治区和5个开放城市,完成土壤剖面4 095个,土壤样品测试了18项元素指标,部分主剖面加测48项指标,总计给出了69项元素指标的统计量,是我国范围最大、最为系统的环境背景值研究。魏复盛等根据研究成果出版了《中国土壤元素背景值》等专著,对工作方法、样品测试和背景值研究等进行了详细的论述。

3. 第二次土壤普查

1979年,在全国土壤普查办公室的统一部署下,青海省农牧业区划委员办公室组织实施了省内第二次土壤普查工作。到1992年项目结束,共测制土壤剖面6.48万个,采集土壤样品约23.53万个,编制出版了《青海土壤》《青海土种志》等专著,绘制了青海土壤图和土壤养分系列图、土壤微量元素图等19幅相关图件。

此项工作除了作常规分析测试外,还分析了微量元素、矿质全量、腐殖质组成、黏土矿物、盐分和4种铁等指标,查清了土壤理化性质、养分状况。对农、林、牧土壤资源作了科学评价,为土地开发利用提供了科学依据,同时也是土壤背景值研究的一项重要资料。

4. 多目标区域地球化学调查

1999年,中国地质调查局在广东、湖北、四川等省开展了多目标区域地球化学调查工作,2002年,全国范围内的多目标区域地球化学调查工作正式启动。此项工作是针对第四系覆盖区开展的基础性调查工作,主要目标包括基础地质、资源潜力和生态环境三大方面,工作比例尺为1∶25万,采样为表层、深层双层网格化采样,以土壤地球化学测量为主、水地球化学测量为辅。截至 2015 年,全国共投入资金约 12 亿元,完成调查面积逾 200 万 km²。

青海省多目标区域地球化学调查工作始于 2004 年,青海省地质调查院、青海省第五地质矿产勘查院等单位先后完成了西宁市、湟水谷地、青海湖北部、黄河谷地等地区多目标土壤测量。截至 2015 年,共完成多目标土壤调查面积 2.49 万 km²,共采集表层、深层土壤样品 31 608 件,测试 54 项元素指标,形成表层、深层土壤数据 8 892 条。

通过 10 余年的工作,在土壤背景值研究、土地质量地球化学评估、土壤碳库计算、地方病防治、环境质量评价、特色农业种植等方面取得了较深入的认识和显著的成效。其中土壤环境背景值研究正是在多目标区域地球化学调查工作的基础上,结合区域地球化学调查、二次土壤普查以及前人相关工作而进行的地球化学背景研究。此项研究是目前为止青海省开展的精度最高的研究工作,揭示了土壤元素背景值的特点和规律,提升了青海省土壤地球化学的研究程度。

第二节 研究区概况

一、交通位置

研究区位于青海省东部,西起刚察县,东至甘肃和青海省界,南至贵南—循化一线,北接门源县,主要包括西宁市、平安、民和、化隆、循化、尖扎、刚察、海晏、湟源、湟中、大通、互助、乐都、贵德、贵南等市县区,行政上分属西宁市、海东市、海南州、海北州和黄南州管辖(图 1-1)。研究区范围为 E100°00′—E103°06′,N35°27′—N37°36′,面积约 2.49 万 km²。

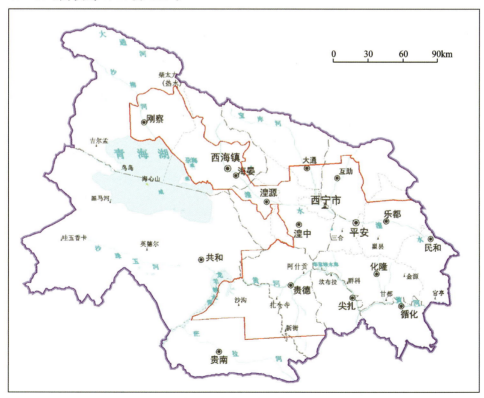

图 1-1 研究区交通位置图

区内 109 国道、315 国道、兰西高速、西倒高速、青藏铁路等主干道路贯穿全区，各县、乡之间均有公路网相通，交通较为便利。

二、自然地理

(一) 地形地貌

研究区总体地貌格局为"四山四盆两谷地"。"四山"自北至南分别为达坂山、青海南山、拉脊山和鄂拉山；"四盆"分别为西宁盆地、青海湖盆地、贵德盆地和共和盆地；"两谷地"为湟水谷地和黄河谷地（图1-2）。

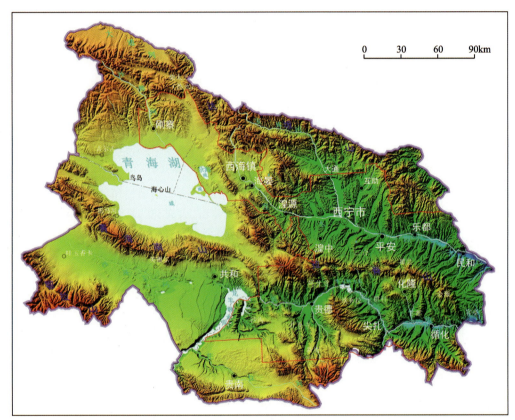

图 1-2 研究区自然地理图

1. 山脉

达坂山是祁连山北分支，西接走廊南山，北西向延伸至甘肃境内，是西宁盆地和门源盆地的分水岭，整体海拔 3 200～4 200m，山势陡峭。达坂山植被发育，青海省主要的仙米原始森林和北山原始森林就位于达坂山东段，另外灌木林和草本植被也十分发育，是青海省重要的生态保护区和水源涵养地，是宝库河和湟水河的发源地。

青海南山是祁连山中段最南分支，西起天峻县布哈河南岸，东接拉脊山，北西向沿青海湖南缘分布，是青海湖盆地和共和盆地的分水岭。海拔一般 3 500～4 000m，最高峰哈尔科山海拔 5 139m，山势陡峭，剥蚀强烈。生长有高山柳、箭叶锦鸡儿、金露梅等涵养水源灌丛林，黑马河、沙珠玉河、恰不恰河等河流发源于此。山体南、北两翼明显不对称，南坡长，高差大，自山麓至黄河滨有 10 多级阶地，并发育宽度 3～5km 的山麓洪积倾斜平原。

拉脊山是祁连山脉东段,位于湟水河和黄河干流之间,西起干子河口,东到青海省界,是西宁盆地和贵德盆地的分水岭。长260km,宽20~40km,山峰多在海拔4 000~4 500m之间,最高峰野牛山海拔4 832m。山体两翼明显不对称,北翼湟水谷地南侧切割较浅;南翼黄河谷地北侧切割深,较陡峻。山体中下部覆盖黄土,第三纪(古近纪+新近纪)红层出露比较广泛。在流水作用侵蚀下,黄土分布区水土流失严重,地表显得破碎,黄土地貌发育较典型,并时有滑坡发生。

鄂拉山是昆仑山系北列支脉。西北部起于柴达木盆地东部山地,东南部止于兴海县黄河附近。长150km左右,宽20~30km,海拔4 500~5 000m,最高峰虽根尔岗海拔5 305m。山体由中生代和古生代砂岩、板岩、灰岩、大理岩、火成岩及晚古生代至中生代花岗岩组成。山体高大险峻,鄂拉山口昔日为唐蕃古道要隘,今有倒邦公路穿过。

2. 盆地

西宁盆地四面环山,地势较平坦,并且地势南、西、北高而东南略低,夹持于达坂山和拉脊山之间,海拔在2 100m~2 700m之间。沿盆地中央湟水河穿过,盆地内堆积了巨厚的中、新生代红层,上覆中、晚更新世黄土。盆地经后期水流分割呈现沟梁相间、支离破碎的外部景观。海拔在2 100m~2 700m之间。

青海湖盆地是青海最大的内流盆地,流域面积2.97万km^2,有大小河流40余条。盆地夹持于达坂山和青海南山之间,呈椭圆状北西向展布。盆地中央海心山海拔3 266m,盆地东西向为狭长沟谷,南北缘为缓坡—丘陵—高山。盆地内堆积了厚层的第四纪冲洪积物、湖积物、沼泽堆积物和风积物。

贵德盆地位于黄河干流上游,黄河自西向东横贯盆地中部,素有"天下黄河贵德清"的美称,流程76.8km。盆地内沟壑纵横,山川相间,呈现多级河流阶地和盆地丘陵地貌。地势南北高、中间低,形成四山环抱的河谷盆地。海拔最低的松巴峡口2 710m,最高的阿尼直海山5 011m,平均海拔2 200m。

共和盆地夹持于青海南山和鄂拉山之间,盆地平坦广阔,是黄河冲积形成的台地,地势相对平缓,并有较大面积的沙漠分布。盆地内沉积巨厚的新生代砂砾石层、冲洪积物、风积物等。海拔在2 800~3 200m之间。

3. 谷地

湟水谷地是指湟水河流域湟源—西宁—平安—乐都—民和狭长的河流冲积河谷,全长218km,是青海省内人文经济最为发达的地区,人口最为密集,工业和农业相对发达。湟水河及其支流将谷地东西、南北向纵贯横切,呈现沟壑纵横的地貌景观。两岸山峦重叠,峡谷与盆地相间分布。巴燕峡、湟源峡、小峡、大峡、老鸦峡和湟源、西宁、平安、乐都、民和等盆地,一束一放,形成串珠状的河谷地貌。湟水谷地与龙羊峡以下的黄河谷地合称为河湟谷地。海拔较低,气候温和,土地肥沃,物产丰富,人口稠密,工农业发达,是青海省开发较早的地区。

黄河谷地是指黄河干流流域的贵德—尖扎—循化一带的河谷,是主要的少数民族聚集区。北部为拉脊山,南部为陡峭山区,高低相间,山川醒目,总体地势西高东低。海拔在1 800~5 000m之间,切割较深。地貌类型以丘陵、盆地为主,其依山势蜿蜒多变,受水系切割支离破碎,多呈红岩低丘、黄土秃梁与平坦谷地。

(二)河流湖泊

研究区水系发育,主要有青海湖内陆水系、湟水河、北川河(宝库河)及黄河干流。其中北川河、湟水河是黄河主要的支流。

北川河发源于大通回族土族自治县开甫托山峡,是湟水河的一级支流、黄河的二级支流,流域面积3 371km^2,流程154km。北川河自北向南流入西宁市区,其上有2条支流,分别为宝库河和黑林河,两河汇合后为北川河。西宁境内北川河流域面积42.8km^2,流程11.3km,自然河床宽度30~100m。据桥头水文站 1956—1979 年的观测资料，北川河多年平均流量 37.61m³/s，年径流量 60.8×10⁶m³。

湟水河是黄河上游最大的一个支流，是黄河的一级支流，流经湟源、湟中、西宁、平安、互助、乐都、民和，青海省内长 349km，在兰州达川西古河嘴入黄河，全长 370km。青海省内干流流域面积 16 100km²，干流人口 296 万人，占全省总人口的 57%，耕地面积 441 万亩（1 亩=666.67m²），占全省耕地面积的 49%。湟水河年平均流量 21.6 亿 m³，年输沙量 0.24 亿 t。据东峡水文站多年的观测记录，河水洪峰出现在 7 月、8 月、9 月三个月，与雨季基本一致。最大流量出现在 8 月，约为 15.48m³/s，最小流量出现在 1 月，为 3.80m³/s，多年平均流量 8.80m³/s。

黄河发源于巴颜喀拉山南麓，研究区内黄河干流约 250km，河流蜿蜒曲折，河谷深切，水流湍急，河床宽度 200～400m。据循化水文站资料，多年平均流量 719m³/s。黄河水资源丰富，在青海省内修建了李家峡、拉西瓦、刘家峡等大型水电站。枯水期黄河清澈，洪水期浑浊，黄河在贵德一带清澈透明，素有"天下黄河贵德清"的美称，流经尖扎、循化段时由于大量黄土和泥沙的汇入变得较为浑浊。

青海湖，藏语名为"措温布"（意为"青色的海"），青海湖长 105km，宽 63km，湖面海拔 3 196m，面积达 4 456km²，是中国最大的内陆湖泊和咸水湖。青海湖平均水深约 21m，最大水深 32.8m，蓄水量达 1 050 亿 m³。青海湖每年获得径流补给入湖的河流有 40 余条，主要是布哈河、沙柳河、乌哈阿兰河和哈尔盖河，这 4 条大河的年径流量达 16.12 亿 m³，占入湖径流量的 86%。青海湖每年入湖河补给 13.35 亿 m³，降水补给 15.57 亿 m³，地下水补给 4.01 亿 m³，总补给 32.93 亿 m³，湖区风大蒸发快，每年湖水蒸发量 39.3 亿 m³，年均损失 6.37 亿 m³。

（三）气候

研究区属高原大陆性气候，春季干旱多风，夏季凉爽，秋季短暂，冬季漫长。但区域性差别明显，湟水谷地、黄河谷地气温较高，适合发展农业，青海湖盆地和共和盆地气温相对较低，以发展畜牧业为主，有少量农业。

湟水谷地年平均气温 15℃左右，7 月平均气温最高约 30℃，1 月最低−18℃左右。气温的日变化很大，白天较热，早晚寒冷，有时日温差达 20℃。年降水量 400mm 左右，且多集中在 7 月和 8 月，受季节控制明显。年蒸发量 1 000mm 左右，降水量远低于蒸发量。

黄河谷地年平均气温 2～10℃，以 7 月气温最高，历年极端最高气温 34℃，1 月最低，极端最低气温−23.8℃。年降水量 300～500mm，年蒸发量大于 1 500mm，降水量远低于蒸发量。

青海湖盆地和共和盆地年平均气温 1.5℃左右，最热 7 月平均气温 13.9℃，最冷 1 月平均气温−10.5℃。气温日变化很大，早晚寒冷，白天较热，有时日温差达 20℃以上。无绝对无霜期，冰雹、霜冻、干旱、风沙灾害频繁。年降水量 600mm 左右，年蒸发量 1 000mm 左右。

三、社会经济

（一）人口

研究区内总人口约 433 万人，占全省总人口的 73.6%，是省内人口最为集中的地区。其中湟水谷地、黄河谷地人口相对稠密，沿河流分布的城市、县城、村镇是人群的主要聚集区；向西至青海湖流域人口密度逐渐降低。研究区也是多民族聚集区，其中汉族人数占总人口的 70%左右，其他人数较多的少数民族有藏族、回族、蒙古族、土家族、撒拉族等。

（二）经济

2015 年，研究区内国民生产总值达 1 591 亿元，占全省 GDP 的 65.8%，三产结构呈现"三二一"新格局。现代农业结构不断优化,特色优势作物面积占总播种面积的80%左右,农业园区建设加快,农业科技园区发展成为国家级农业产业化示范基地,"黄河彩篮"现代菜篮子生产示范基地投入运行;另外,海东市还建立了山区资源立体式综合开发利用及生态循环农牧业示范典型,培育家庭牧场4 590户,开工建设现代生态牧场15个,在全省率先探索出了现代农牧业循环发展的新路子;油菜、马铃薯制繁种、富硒农产品、牛羊育肥等主导产业不断壮大,一批特色农产品品牌走向全国。

工业转型升级步伐明显加快,八大产业集群纵向延伸、横向耦合的现代工业体系基本形成,临空综合经济园、乐都工业园、民和工业园和互助绿色产业园发展势头良好,循化清真食品(民族用品)产业园和巴燕·加合经济区升格为市级经济区,具备大规模承接项目建设的条件和能力。

现代服务业发展迅速,"夏都西宁""大美青海·风情海东"等知名度显著提升,品牌内涵不断丰富,高原旅游集散功能快速提升,旅游接待人数和总收入大幅增加。金融业、电子商务、物流等新兴服务业蓬勃发展,其中金融业占生产总值比重达到10.8%,成为支柱产业之一;电子商务加速发展,农村通宽带率达到90%以上;朝阳物流中心、青藏高原国际物流商贸中心、海吉星国际农产品集配中心等现代物流枢纽建成投用,新华联、万达综合体等大型高端商业业态引领发展新趋势。

第二章 区域背景

第一节 区域地质特征

一、大地构造环境及分区

研究区位于青藏高原北缘,在大地构造位置上处于西域板块,自北向南横跨5个二级构造单元,分别为北祁连新元古代—早古生代缝合带、中祁连陆块/新元古代—早古生代中晚期岩浆弧带、疏勒南山-拉脊山早古生代缝合带、南祁连陆块和宗务隆山-青海南山晚古生代—早中生代裂陷槽(图2-1),现将研究区大地构造环境分述如下。

(一)北祁连新元古代—早古生代缝合带(I_2)

研究区北部边界少部分位于该缝合带南支。北祁连新元古代—早古生代缝合带呈北西西-南东东向分布于中祁连陆块和阿拉善陆块间,西端被阿尔金断裂切割,主体经托莱山、大通北山、达坂山、白银、陇县等地并与商丹缝合带交会。大致以中祁连北缘深断裂为主断裂,主断裂带西起托莱河谷,东经托莱南山、达坂山南坡入甘肃省内,呈北西—北西西向延伸,地表构成中祁连陆块与北祁连缝合带的分界线。

北祁连缝合带的主要组成为寒武系—奥陶系以及不同规模产出的镁铁质—超镁铁质岩块。缝合带南支主要由奥陶系组成,下奥陶统阴沟组以枕状玄武岩为主,其次为基性火山碎屑岩及少量陆源碎屑岩;上奥陶统扣门子组以正常沉积的碎屑岩、火山碎屑岩为主,其次为火山熔岩、灰岩等。

(二)中祁连陆块/新元古代—早古生代中晚期岩浆弧带(I_3)

研究区北部湟源-西宁-民和盆地位于该构造单元。中祁连陆块夹持于北祁连缝合带与疏勒南山-拉脊山缝合带之间,呈北西西向岛链状分布于托勒南山—大通山一带。

区内出露的最老地层为古元古界托赖岩群和湟源群。前者分布于西段托勒南山一带,后者分布于大通山一带。中元古代地层为一套成熟度不等的浅海—次深海相次稳定型碎屑岩-碳酸盐岩-中基性火山岩沉积组合。新元古代地层为一套成熟度较高的滨海—浅海相稳定型碎屑岩-碳酸盐岩沉积组合。另在东段互助县北龙口门一带见有少量的南华系—震旦系出露,为一套陆地冰川相—滨海相冰碛岩-碳酸盐岩沉积组合。

早古生代仅在大通老爷山零星出露,为一套深海火山-硅质沉积组合。主造山期后的盖层沉积始于晚泥盆世,石炭纪到三叠纪连续沉积的海相地层最高层位可到晚三叠世。晚泥盆世至早石炭世为一套河湖相粗碎屑岩沉积组合,早石炭世至晚三叠世为一套滨浅海相、海陆交互相含煤碎屑岩沉积组合。侏罗纪脱离海侵,发育一套陆相含煤碎屑岩沉积组合,系区内重要成煤期,白垩纪、古—新近纪地层主要发

第二章 区域背景

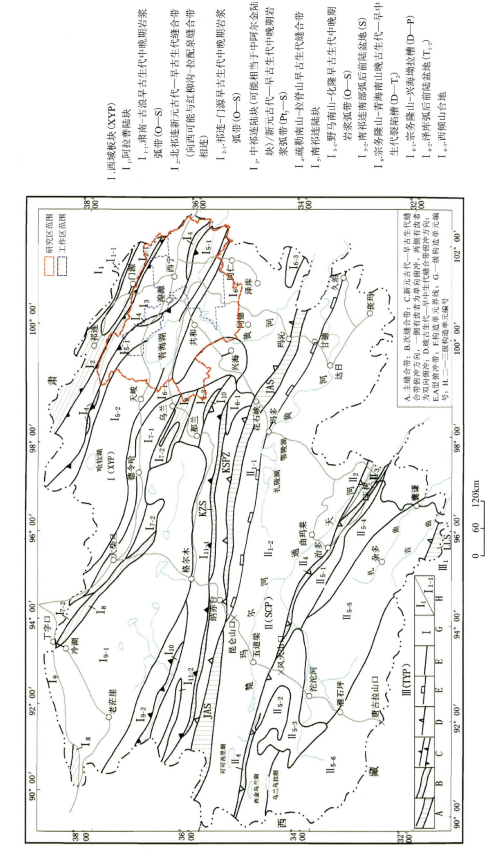

图2-1 大地构造单元分区略图

I.西域板块(XYP)
I₁.阿拉善陆块
I₁₋₁.肃南—古浪早古生代中晚期岩浆弧带(O—S)
I₁₋₂.北祁连新元古代—早古生代缝合带(O—S)
I₂₋₁.祁连—门源早古生代中晚期岩浆弧带(O—S)(可能与红柳沟与配泉缝合带向西相连)
I₂₋₂.拉脊山新元古代—早古生代中晚期岩浆弧带(Pt₃)
I₃.中祁连陆块(可能相当于中阿尔陆块)
I₄.疏勒南山—拉脊山早古生代中晚期岩浆弧带
I₅.南祁连陆块
I₅₋₁.野马南山—化隆早古生代中晚期岩浆弧带
I₅₋₂.南祁连南部弧带(O—S)
I₆.宗务隆山—青海南山晚古生代—早中生代陆后前陆盆地(D—P)
I₆₋₁.宗务隆山—兴海坳拉槽(D—P)
I₆₋₂.泽库弧后前陆盆地(T₁₋₂)
I₆₋₃.西倾山台地

A.主缝合带；B.次缝合带；C.新元古代—早古生代缝合带，一侧有齿者为单向俯冲，两侧有齿者为双向俯冲；D.晚古生代—早中生代中生代缝合带俯冲方向；E.A型俯冲带；F构造单元界线；G.二级构造单元编号；H.二—三级构造单元号育于西宁盆地、大通河盆地和疏勒河盆地,为一套山麓河湖相类磨拉石及含膏盐建造、泥灰岩复陆屑沉积组合。

区内侵入岩较发育,主要有前兴凯、兴凯及加里东3期。前兴凯期不发育,仅在响河、牛心山、宝库河及民和等地有零星出露;晋宁期的闪长岩、花岗闪长岩、二长花岗岩,仅在响河、宝库河、民和等地有少量出露。加里东中晚期侵入岩构成岩浆弧的主体,主要岩石类型有奥陶纪的闪长岩、石英闪长岩、二长花岗岩等钙碱性俯冲型花岗岩类。

(三)疏勒南山-拉脊山早古生代缝合带(I_4)

以中祁连南缘深断裂为主断层,构成中祁连陆块与南祁连陆块的分界线。大体以日月山-刚察古转换断层为界分为东、西两段。东段分为两支,通常称为拉脊山南缘深断裂及拉脊山北缘深断裂,该段缝合带由这两条深断裂围限,平面上呈近于平卧的"S"形近东西向展布,长约180km,宽约3~20km;西段自日月山至木里、疏勒南山至甘肃省内野马南山并被阿尔金断裂截断,沿缝合带蛇绿混杂岩建造呈串珠状零星分布。

东段拉脊山一带,缝合带的主要组成为中上寒武统深沟组、六道沟组,下奥陶统上部阿夷山组,中奥陶统茶铺组,上奥陶统药水泉组,志留系巴龙贡噶尔组等。其中中上寒武统中产出有大量镁铁-超镁铁质岩,且其中相当一部分超镁铁质岩属变质橄榄岩。

西段沿中祁连陆块南缘断续展布的镁铁-超镁铁质岩主要呈现构造岩块产于奥陶系中,少部分则分布于北侧前寒武纪结晶基底岩系中。

(四)南祁连陆块(I_5)

该陆块呈北西西向介于中祁连南缘断裂与宗务隆山-青海南山断裂之间,沿居洪图—阳康—化隆一带分布。据主造山期大地构造相、地质建造之差异等,可将该区进一步划分为野马南山-化隆早古生代中晚期岩浆弧带和南祁连南部弧后前陆盆地两个三级构造单位。

1.野马南山-化隆早古生代中晚期岩浆弧带(I_{5-1})

该带呈北西西向展布于疏勒南山-拉脊山缝合带南侧哈拉湖北—刚察—化隆一带,东段以宗务隆山-青海南山断裂与宗务隆山-青海南山裂陷槽分开;青海湖以西以断续分布一般性断裂与南祁连南部弧后前陆盆地接壤。

带内出露的最老地层为古元古界托赖岩群,其原岩为一套泥砂质岩-碳酸盐岩-中基性火山岩沉积组合,以角闪岩相变质为主,叠加绿片岩相。早古生代地层以钙碱性火山岩沉积组合为主,厚逾8 000m,系岩浆弧的上铺部分。晚泥盆世至三叠纪发育一套稳定型滨海—浅海—海陆交互相碎屑岩-碳酸盐岩-含煤碎屑岩沉积组合。侏罗纪脱离海侵进入陆内演化阶段,发育一套山麓—河湖相含煤碎屑岩沉积组合。白垩系—新近系主要发育于化隆盆地内,为一套山麓—河湖相含膏盐泥灰岩杂色复陆屑沉积组合,属陆内叠覆造山构造相类的陆内磨拉石前陆盆地相。

带内发育加里东中晚期俯冲型、碰撞型花岗岩,呈岩株或岩基状产出,构成岩浆弧带的下垫部分。另见少量的兴凯期碰撞型二长花岗岩、前兴凯期伸展环境下形成的超基性、基性侵入岩及晚古生代非造山花岗岩类、早中生代造山后花岗岩类。

2.南祁连南部弧后前陆盆地(I_{5-2})

该盆地南以宗务隆山-青海南山断裂与宗务隆山-青海南山裂陷槽分野;北以断续分布的断裂与野马南山-化隆岩浆弧带分隔。呈北西向展布于柴达木山—居洪图—智合玛一带。带内出露的最老地层奥陶系仅在哈拉湖以西有少量分布,为一套次深海相浊积岩沉积。

带内除东段发育一套石炭系—三叠系稳定型滨海—浅海相碎屑岩-碳酸盐岩及海陆交互相含煤碎

屑岩沉积组合外,最突出的特征是志留系广泛发育,该套地层下部为一套复理石相沉积。该带另一个主要特征是除有少量印支期造山后中酸性侵入岩外,加里东期碰撞型花岗岩相对较发育。

(五)宗务隆山-青海南山晚古生代—早中生代裂陷槽(I_6)

该裂陷槽形态不规则,北界断层为宗务隆山-青海南山断裂,南界西部为宗务隆山南缘断裂,向东与温泉-哇洪山断裂交接,南界东部为东昆南深断裂。

1. 宗务隆山-兴海坳拉槽(I_{6-1})

坳拉槽主体由石炭纪—二叠纪中吾农山群组成,西部鱼卡河一带有少量泥盆系出露,岩石组合为中浅变质的碎屑岩、碳酸盐岩夹少量中基性火山岩。哇洪山—玛温根山一带晚石炭世—早二叠世地层岩性以变碎屑岩为主夹灰岩及酸性火山岩,中二叠统下部为中性火山岩及火山碎屑岩,中上部为碎屑岩夹灰岩。

2. 泽库弧后前陆盆地(I_{6-2})

早、中三叠世近于闭合的坳拉槽重新裂张,又接受了巨厚的海相沉积,西部宗务隆山地区下三叠统隆务河组以杂色砂砾岩为主,似具磨拉石特征,古浪堤组由丰产双壳等化石的生物碎屑灰岩组成;向东至兴海-泽库地区成为一规模巨大的复理石盆地。早、中三叠世总体具有早期复理石、晚期磨拉石的典型双幕式堆积序列,在较广区域内的不同层位上有少量的层凝灰岩呈夹层出现,除此之外基本上没有火山物质参与沉积活动。

二、区域地层

研究区内地层从古元古界到新生界,除青白口系外均有出露,经过漫长的地质构造作用,不同地层形成了各具特点的分布特征。较老地层集中分布在达坂山、拉脊山脉等地,河谷盆地则多为新生代地层。

(一)古元古代地层

古元古代地层主要分布于拉脊山、达坂山、大通山一带,出露的地层包括托赖岩群、湟源群、刘家台组和东岔沟组。

1. 托赖岩群($Pt_1T.$)

区内托赖岩群出露范围较广,从化隆至日月山一带均有出露,北部大通山、达坂山一带也有较大面积分布。主要岩性为灰色、深灰色夕线石黑云斜长片麻岩,石榴黑云片麻岩,石榴奥长片麻岩,钾长角闪片麻岩,角闪斜长片麻岩,斜长角闪片岩,二云片岩,斜长角闪岩,混合岩,石英岩及透闪石大理岩夹安山岩。

2. 湟源群(Pt_1H)

该群为一套中高级变质岩系,主要分布于北部大通山、达坂山一带,自下而上划分为刘家台组和东岔沟组。

(1)刘家台组(Pt_1l):上部为大理岩,下部为碳质片岩、角闪片岩、片麻岩。

(2)东岔沟组(Pt_1d):主要岩性为灰色、灰绿色云母石英片岩,绿泥石英片岩,角闪岩,千枚岩,硅质千枚岩,偶夹大理岩,局部还见角闪斜长片麻岩。

(二)中元古代地层

研究区内中元古代地层与下伏古元古代地层呈断层接触关系,主要包括长城系湟中群、南白水河组,蓟县系花石山群克素尔组和震旦系—南华系龙口门组。

1. 长城纪地层

湟中群(ChH)是平行不整合于湟源群之上,整合于花石山群之下的一套浅变质岩系,下部为磨石沟组,上部为青石坡组。

(1)磨石沟组(Chm):主要岩性为灰色、乳白色石英岩,石英砂岩,硅质千枚岩,局部底部有少许绢云母石英片岩、云母变粒岩。

(2)青石坡组(Chq):主要岩性为灰色千枚岩、钙质千枚岩、硅质千枚岩夹千枚状泥质结晶灰岩和凝灰质砂岩。

(3)南白水河组(Chn):主要岩性为碎屑岩、石英岩夹灰岩。

2. 蓟县纪地层

(1)花石山群克素尔组(Jxk):岩性为灰白色、灰色—深灰色厚层状白云岩,局部见角砾状结晶灰岩、顶部有一层灰色千枚岩,厚319~991.03m,是主要的熔剂灰岩,产叠层石。

(2)花石山群北门峡组(Jxb):白云岩偶夹白云质灰岩,顶部为角砾状白云岩。

(三)新元古代地层

龙口门组(NHZl):集中出露于互助县龙口门地区,下部为灰色冰碛砾岩、含砾白云岩、砂泥质纹泥层;上部为灰色泥质白云岩、细晶白云岩、硅质白云岩夹硅质、泥质板岩。

(四)早古生代地层

1. 寒武纪地层

寒武纪地层在北部达坂山一带主要为黑茨沟组,在南部拉脊山一带主要为深沟组和六道沟组。

(1)黑茨沟组($\in_2 h$):呈断块出露,岩性为灰色灰岩夹板岩(含磷)及灰绿色玄武岩。

(2)深沟组($\in_2 s$):出露于拉脊山中段,岩性组合下部为灰绿色玄武岩、玄武安山岩、辉石安山岩、安山岩夹结晶灰岩、泥灰岩、硅质岩、板岩;上部为灰绿色硅质板岩、硅质岩、灰白色结晶灰岩夹安山岩、安山质火山碎屑岩,出露厚773m。

(3)六道沟组($\in_3 l$):出露于拉脊山中、东段,与下伏深沟组平行不整合接触。岩性组合下部为灰色—灰黑色结晶灰岩、硅质岩、砂岩互层夹安山岩,底部为含砾长石砂岩;中部为灰绿色蚀变安山玄武岩、安山岩、凝灰质安山岩、凝灰岩、凝灰质砂岩夹板岩、千枚岩;上部为灰绿色、灰黑色硅质板岩、泥钙质板岩、绢云千枚岩、长石砂岩、钙质砂岩夹玄武安山岩、凝灰质安山岩,总厚度大于1 095.40m。

2. 奥陶纪地层

奥陶纪地层在祁连地区早、中、晚3个时期都有沉积,自下而上划分为阿夷山组、阴沟组、茶铺组、大梁组、药水泉组及扣门子组。与上寒武统六道沟组平行不整合,志留系巴龙贡噶尔组不整合于其上。

(1)阿夷山组($O_1 a$):灰绿色、杂色中基性凝灰岩,石英角斑岩,杏仁状安山岩,玄武岩,角砾状安山岩,火山角砾岩,夹火山岩屑砂砾岩、板岩、结晶灰岩扁豆体。

(2)花抱山组($O_1 h$):下部为灰绿色复成分砾岩、含砾长石硬砂岩夹长石硬砂质石英砂岩;上部为灰绿色长石硬砂岩、硬砂质石英砂岩、长石砂岩,厚度大于2 500m。

(3)吾力沟组(O_1w):中基性—中酸性火山岩、火山碎屑岩与结晶互层夹砂岩、硅质岩。

(4)阴沟组(O_1y):下部为灰色—灰黑色砂岩夹灰岩(扁豆体)、凝灰岩;中部为灰绿色细碧岩、安山岩、细碧质火山角砾岩、凝灰岩、砂岩、硅质岩、大理岩;上部为灰黑色、灰绿色砂岩,板岩夹灰岩及硅质岩,局部夹菱铁矿及磁铁矿,厚度大于590m。

(5)茶铺组(O_2c):灰绿色、暗紫色、灰紫色变安山岩,英安岩,石英安山岩,安山凝灰岩,凝灰岩夹玄武岩,凝灰质砂岩,板岩及硅化大理岩,底部为碳质砾岩,出露厚420m。

(6)大梁组(O_2d):灰绿色、灰色、紫色变砂岩,板岩,千枚岩互层夹硅质岩,硬砂岩,细砾岩(青海省内不含火山岩),厚约2 000~2 500m。

(7)多索曲组(O_3d):中基性—中酸性火山碎屑岩、火山熔岩夹板岩。

(8)药水泉组(O_3ys):灰色、灰绿色凝灰岩,安山质火山砾岩,安山质凝灰熔岩,凝灰质杂砂岩,紫红色石英砾岩,钙质板岩,砂质页岩互层夹杏仁状安山岩、辉石安山岩,底部砾岩增多,厚度大于1 044m。

(9)扣门子组(O_3k):灰色、灰绿色中基性—中酸性火山岩夹结晶灰岩,砾状灰岩,硅质岩及变长石质硬砂岩、钙质砂岩,以火山岩的出现与消失作为顶、底界线,厚约2 405m。

3.志留纪地层

志留纪地层在拉脊山地区出露为巴龙贡噶尔组,在祁连地区出露为肮脏沟组。

(1)巴龙贡噶尔组(Sb):灰绿色石英砂岩、砾岩、砂砾岩夹泥板岩,出露厚度大于137m。

(2)肮脏沟组(S_1a):岩性组合为灰色、灰绿色、紫红色砂砾岩,含砾砂岩,砂岩,板岩,页岩互层夹灰绿色凝灰岩、凝灰质砂岩、安山岩,底部为砾岩,出露厚度大于1 696m。

(五)晚古生代地层

1.泥盆纪地层

泥盆纪地层仅出露老君山组,在北部冷龙岭和南部拉脊山一带均有小面积出露,与下伏志留纪地层、上覆石炭纪地层均呈断层接触关系。

(1)老君山组(D_3l):紫红色、浅紫红色砾岩,石英砂岩,长石石英砂岩夹页岩,局部夹灰岩、中酸性火山岩,厚度变化较大,为863~2 150m。

(2)牦牛山组(D_3m):上部为中基性—中酸性火山岩,下部为碎屑岩。

2.石炭纪—二叠纪地层

石炭纪—二叠纪地层主要为中吾农山群土尔根大坂组,出露于青海南山黑马河至共和一带,岩性复杂,厚度大,遭受一定程度区域变质和热叠加变质,变质程度不均一,岩性、岩相变化显著,总体为一套碎屑岩和碳酸盐岩夹中基性火山岩,从其特征分析属浅海相沉积。

(1)土尔根大坂组(CP_2t):岩石组合为灰色、灰绿色千枚岩,板岩,变石英粗砂岩,变长石石英砂岩夹薄层灰岩、凝灰岩及蚀变中基性火山岩,总厚度大于1 229.5m。

(2)甘家组(CP_2gj):下部为灰色—灰绿色长石硬砂岩、长石砂岩、石英砂岩、粉砂岩、黏土质板岩夹灰色砾岩、灰岩;上部为灰色—深灰色灰质白云岩、白云质灰岩、鲕状灰岩、生物碎屑灰岩、角砾状灰岩夹少量黏土板岩。

(3)大黄沟组($P_{1-2}d$):灰白色—灰绿色石英砂岩、长石石英砂岩、页岩、泥岩,厚275m。分布于冷龙岭及大通山—达坂山一带,与下伏地层呈不整合接触。

(4)勒门沟组($P_{1-2}l$):以紫红色为主夹灰绿色长石石英砂岩、石英砂岩、杂砂岩夹粉砂岩,底部为石英砾岩,厚228.70m。

(5)草地沟组($P_{1-2}c$):灰色—灰绿色细碎屑岩与灰岩、泥灰岩组成,互为消长关系,厚176~401m。

3. 二叠纪地层

二叠纪地层主要为上二叠统哈吉尔组与忠什公组并组巴音河群、窑沟组，分布于哈拉湖—青海湖一带的广大地区，与老地层均为不整合接触。

（1）哈吉尔组（P_3h）：下部为紫红色—杂色碎屑岩，上部为灰色—深灰色碎屑岩夹数层灰色—深色灰岩，厚194~287m。

（2）忠什公组（P_3z）：紫红色、灰绿色砂岩，粉砂岩夹页岩、泥岩，厚67~206m。

（3）窑沟组（P_3y）：暗紫色、紫红色长石砂岩，含长石石英砂岩，石英长石砂岩夹粉砂岩、砂质页岩，厚535~713m。

（六）中生代地层

1. 三叠纪地层

区内三叠纪地层广泛出露于共和、贵德地区，与石炭纪地层、第三纪（古近纪＋新近纪）地层呈不整合接触关系，于西河坝—仙米一带、铁迈地区与奥陶纪、侏罗纪地层呈不整合接触关系。在刚察一带则与二叠纪地层整合接触。

（1）隆务河组（$T_{1-2}l$）：岩性组合为灰色、深灰色变复成分砾岩，细砾岩，变不等粒含砾凝灰质长石岩屑砂岩、含砾粗砂岩、长石岩屑砂岩、粉砂质泥岩、板岩。

（2）古浪堤组（$T_{1-2}g$）：灰色、深灰色粗粒长石石英砂岩，粉砂岩，板岩，碳质板岩夹砾屑灰岩及复成分砾岩透镜体，厚度大于3 549m。

（3）郡子河群：郡子河群的4个岩性组合，总体由碎屑岩和碳酸盐岩组成，反映了一个完整的海进—海退的沉积序列，包括4个岩石地层单位。

下环仓组（$T_{1-2}xh$）：下部为紫红色石英砂岩、长石砂岩，中上部为灰色—灰绿色石英砂岩、长石砂岩、粉砂岩、页岩，区域上以紫红色砂岩为主，厚373m。

江河组（$T_{1-2}j$）：浅灰色—灰绿色长石砂岩、页岩与生物灰岩互层，底部以灰岩的始现为界，厚270~451m。

大加连组（$T_{1-2}d$）：下部为紫红色灰岩，上部为深灰色灰岩、角砾状灰岩，厚226m。

切尔玛沟组（T_2q）：下部为灰色—灰绿色钙质粉砂岩夹灰色生物碎屑灰岩；中部为浅灰色长石砂岩、粉砂岩、粉砂质页岩互层夹薄层灰岩；上部为灰色—灰绿色钙质粉砂岩、粉砂质页岩，厚159.4m。

（4）西大沟组（$T_{1-2}x$）：灰白色、灰色、灰绿色石英砂岩，页岩，底部为砾岩，以不含红色岩系为特征，厚度变化较大。

（5）鄂拉山组（T_3e）：下部为中基性火山岩及碎屑岩，岩性为辉石安山岩、安山岩、玄武安山岩夹凝灰岩、凝灰质板岩、长石砂岩、安山质火山角砾岩、安山质火山集块岩；中部为中酸性火山岩，岩性为灰白色、灰绿色英安质熔岩角砾岩、火山集块角砾岩、英安岩、凝灰岩；上部为安山质火山岩，岩性为灰绿色安山质熔岩角砾岩、安山质火山集块角砾岩、凝灰岩，厚度大于3 188.05m。与下伏下中三叠统隆务河组、古浪堤组不整合接触，上覆下白垩统河口组不整合于其上。

（6）默勒群。默勒群为山麓—河流相—湖沼相沉积的含煤碎屑岩建造，包括阿塔寺组、尕勒得寺组两个岩石地层单位。两岩组为整合关系，与下伏切尔玛沟组平行不整合或整合接触；在中祁连东段直接超覆于湟源群之上。

阿塔寺组（T_3a）：灰白色、灰绿色、暗紫红色长石砂岩夹粉砂岩，下部夹石英砂岩、含砾砂岩，厚606.77m。

尕勒得寺组（T_3g）：灰色、深灰色粉砂岩，粉砂质页岩夹碳质页岩及长石砂岩、杂砂岩呈互层夹薄煤及菱铁矿结核，厚859.54m。

(7)南营尔组(T_3n)：灰绿色、黄绿色少量褐红色砂岩，粉砂岩，砂质页岩，泥岩，碳质页岩，薄煤，具不等厚韵律性互层，夹含砾砂岩、菱铁矿、油页岩，厚约1 300m。

2.侏罗纪地层

侏罗纪地层在北祁连、中祁连、南祁连、拉脊山等地区分布较广，普遍含煤，著称"祁连山黑腰带"。早、中、晚侏罗世地层都有分布，自下而上划分为下中侏罗统大西沟组、窑街组，上侏罗统享堂组。与下伏晚三叠世地层不整合接触，主要分布于南、北祁连山交界地带及祁连山东段地区。

(1)羊曲组($J_{1-2}yq$)：岩性组合为灰色与紫红色砾岩、砂岩、粉砂岩、黏土岩、石英砂岩、泥岩互层夹碳质页岩煤层，局部地区夹石膏及铁质结核。

(2)大西沟组($J_{1-2}d$)：灰色、深灰岩砂岩，泥岩，页岩及煤层，厚28～193m。

(3)窑街组($J_{1-2}y$)：灰色—灰黑色页岩、黏土页岩夹油页岩、煤层，底部为灰白色石英质砾岩，厚51～290m。

(4)享堂组(J_3x)：下部为灰绿色，上部为紫红色砂岩、泥岩、细砂岩、页岩互层，具交错层理，胶结疏松，厚度变化大(500～1 704m)。

3.白垩纪地层

白垩纪地层在北祁连地区仅发育下沟组，不整合于侏罗纪以前的地层或岩体之上，零散分布于扎隆口一带。中祁连、南祁连、拉脊山地区白垩纪地层发育较全，自下而上划分为下白垩统河口组、上白垩统民和组，两岩组不整合接触，与下伏上侏罗统享堂组及以前的地层或岩体不整合接触。主要分布于西宁盆地周围以及民和一带。

(1)河口组(K_1h)：棕色、棕红色砾岩，砂砾岩，长石砂岩，粉砂岩，杂砂岩夹粉砂质泥岩、泥岩、页岩，局部夹石膏及含油砂岩。砂岩交错层理发育，厚度各地不一(230～2 000m)。

(2)下沟组(K_1x)：紫红色、砖红色、杂色砾岩，含砾砂岩，粉砂岩，砂质泥岩夹黑色砂质泥岩及灰白色泥灰岩，上部含石膏，厚514～1 527m。

(3)民和组(K_2m)：以棕红色、橘红色砾岩，石英细砾岩，砂岩为主，夹泥岩、泥质粉砂岩，局部夹石膏，盆地边缘粗，盆地中心较细，厚100～300m。

(七)新生代地层

新生代地层包括古近纪、新近纪地层以及第四纪沉积物。前者广泛分布于各大山系的山间盆地；第四纪沉积物分布于山前、山间、山麓及河谷地带，皆为陆相。

1.古近纪、新近纪地层

古近纪、新近纪地层在北部仅出露渐新统—中新统白杨河组，与下伏较老地层和侵入体均为不整合接触，分布于门源周边的山间地带。在中南部从古近纪古新世—新近纪上新世地层都有分布，自下而上划分为古新统—渐新统西宁组；中新统—上新统咸水河组、临夏组，并合为贵德群。主要分布于西宁盆地、民和盆地、贵德盆地及其周边山区。

西宁组(Ex)：棕红色泥岩，砂质泥岩与灰绿色和灰白色石膏互层夹砂岩、粉砂岩，近盆地边缘砂砾岩增多，厚789.92m。与下伏上白垩统民和组不整合接触。

白杨河组(E_3N_1b)：棕红色、橘红色砂岩，砾状砂岩及泥岩，含石膏和油层。

咸水河组(N_1x)：下部为紫色巨砾岩；上部为紫色浅肉红色砖红色砂质板岩、泥质粉砂岩、泥岩互层夹砂砾岩及泥灰岩，厚22～154.8m。与下伏古近系西宁组整合接触。

临夏组(N_2l)：下部为土黄色、土红色、砖红色砂质泥岩，泥质粉砂岩，粉砂岩，长石岩屑砂岩互层夹细砾岩；上部为土红色、砖红色中—细砾岩，复成分砾岩，含砾粗砂岩，夹岩屑长石砂岩，泥质粉砂岩,厚979～1743m。与下伏咸水河组整合接触。

岩相特征：古近系西宁组以泥岩、石膏为主体沉积,沉积物颜色以红色为主,碎屑岩成熟度较高,发育水平层理、块状层理、递变层理,含碳质和丰富的孢粉化石,沉积物具3个相对的由粗—细—粗旋回构成,属咸水滨湖相—咸水湖泊相沉积碎屑岩-膏盐建造。

新近系贵德群是以碎屑岩沉积为主,沉积物为杂色,含石膏层、碎屑岩,成熟度高,有丰富的脊椎动物、介形虫、孢粉化石,水平层理、递变层理、波状层理比较发育,反映了沉积环境为咸水滨湖相—半咸水或淡水滨湖相沉积。

2. 第四纪沉积物

区内第四纪沉积物分布较为广泛,皆为陆相,具有明显的高原特色,除早更新世沉积大部固结成岩外,其余皆为松散沉积物,成因类型比较复杂,有冲积、洪积、风积、湖积、化学沉积、沼泽沉积、冰碛、冰水沉积等。冲积、洪积主要分布于山前、河谷地带；风积主要分布于共和盆地及其周边；湖积、化学沉积、沼泽沉积主要分布于青海湖周边、共和盆地。现以岩石地层单位和成因类型分述如下。

（1）共和组（Qp^1g）。共和组为灰色、黄绿色、灰黄色砂岩,粉砂岩,砂质泥岩,泥质粉砂岩,泥岩,砂砾岩,细砂岩,底部为灰色细砾岩,厚226m。与下伏新近系不整合接触,属河湖相堆积。主要分布于共和盆地及龙羊峡水库东部。

（2）中更新世沉积（Qp^2）。中更新世沉积主要分布于大通河、大通山及拉脊山等地的山麓地带。岩性下部为灰绿色冰碛泥砾层；中部为灰黄色、青灰色冲积,洪冲积砂砾层,其上覆有灰绿色砂或土状堆积物；上部为黄土,西北地区泛称"离石黄土",具黑色斑点和红色条带,厚度多在50m以上。

（3）晚更新世沉积（Qp^3）。晚更新世沉积分布在西宁-民和盆地、共和盆地和门源等地的山前及河谷地带,下部为黄灰色冰碛、洪积砂砾层；中部为黄色—砖红色冲洪积砂层；上部为黄色砂质黏土层、黄土（西北地区泛称"马兰黄土"）,厚度一般在20m左右。

（4）全新世沉积（Qh）。全新世沉积以冲积、洪积河漫滩堆积的砂、砾层为主,部分地区尚有冰期后的冰水堆积,形成Ⅰ、Ⅱ级阶地分布于河谷两侧,除此还有风积和沼泽堆积以及青海湖、共和盆地分布的湖积和化学沉积。

三、侵入岩

（一）前兴凯期侵入岩

1. 镁铁—超镁铁岩

前兴凯期镁铁—超镁铁岩零星分布于南祁连岩带化隆一带,主要有裕龙沟、阿什贡、乙什春、沙加、拉水峡、官藏沟等岩体。岩体多呈透镜状、似层状、脉状分布,侵入于古元古界中,部分呈包体存在于兴凯期花岗岩中,规模一般长几米至10余米,最长达上千米,部分岩体含铜、镍、钴矿。主要岩石类型为辉长岩、苏长岩、辉石岩及橄榄岩,岩石具闪石化,以辉长岩为主。辉长岩主要由普通角闪石、中—拉长石、黑云母组成,常相变为苏长岩。橄榄岩由镁铁闪石、辉石残晶、金云母、橄榄石组成。

2. 中酸性变质侵入体

中酸性变质侵入体主要在中祁连岩带。岩性主要为二长花岗质、花岗闪长质变质侵入体,岩石具鳞片粒状变晶结构、片麻状结构、糜棱结构。岩石具韧性变形特征。碎斑为斜长石、微斜长石、石英,碎基为斜长石、微斜长石、石英、云母及铁铝榴石等组成。岩石碎斑呈眼球状,大小不等,具定向排列。微斜长石多发育多米诺骨牌构造。副矿物组合主要为石榴石、磁铁矿、电气石、锆石、榍石、磷灰石、钛铁矿等。

(二)兴凯期侵入岩

1. 中祁连岩带

震旦纪侵入岩：主要为二长岩、闪长岩。二长岩中细粒状结构、似斑状结构，岩石由斜长石、钾长石、石英、黑云母、角闪石组成，似斑晶为微斜长石。副矿物组合为磁铁矿、锆石、磷灰石、榍石。

早寒武世侵入岩：主要为二长花岗岩、二云母花岗岩（宝库河岩体），中细粒、似斑状结构，局部具片麻状构造。岩石由斜长石、钾长石、石英、黑云母和少量白云母组成。似斑晶为钾长石（多为条纹长石），斜长石为更长石，可见环带构造。黑云母常与白云母（1%～4%）连生。副矿物组合为磁铁矿、黄铁矿、钛铁矿、石榴石、锆石、磷灰石、独居石。

2. 南祁连岩带

该带主要为早寒武世二云母花岗岩（鲁满山岩体），中细粒、似斑状结构，局部具片麻状构造。岩石由斜长石、钾长石、石英、黑云母和少量白云母组成。钾长石（多为条纹长石），黑云母与白云母连生。副矿物组合为锆石、磷灰石、独居石、石榴石、电气石、金红石、磁铁矿、钛铁矿。

(三)加里东—早海西期侵入岩

1. 北祁连岩带

该带主要为晚奥陶世石英闪长岩、闪长岩、花岗闪长岩及二长闪长岩、英云闪长岩（雪水沟、巴拉哈图等岩体）。岩性由中性—酸性变化，岩性间接触关系多为脉动。中细粒半自形粒状结构，岩石由斜长石（更—中长石）、石英、角闪石、黑云母及钾长石（二长闪长岩、英云闪长岩）组成。副矿物组合主要为磁铁矿、锆石、磷灰石。

2. 中祁连岩带

中—晚寒武世侵入岩：岩石为二长岩、正长岩。二长岩，半自形粒状结构、块状构造，岩石由斜长石（钠长石）、钾长石（微斜长石）、钠铁闪石及黑云母组成，钠铁闪石呈暗绿色，角闪石式节理，负延性。钠长石具净化边。含微量白云母、鳞灰石。正长岩，中粗粒状结构，半自形粒状结构、块状构造，岩石由斜长石、钾长石（微斜条纹长石）、普通角闪石及黑云母组成，副矿物组合主要为磁铁矿、锆石、磷灰石、榍石。碱长花岗岩，中细粒状结构，岩石由钾长石（正长条纹长石）、钠长石、钠闪石组成，钠闪石呈他形柱状晶体，蓝黑色，角闪石式节理，负延性。副矿物组合为磁铁矿、锆石、磷灰石、曲晶石、萤石。

奥陶纪侵入岩：早—中奥陶世主要为石英闪长岩、闪长岩及英云闪长岩，中细粒半自形粒状结构，岩石由斜长石、石英、角闪石、黑云母及少量钾长石组成。副矿物组合为磁铁矿、褐帘石、锆石、磷灰石。二长花岗岩，变余半自形粒状结构，片麻状构造。岩石由斜长石、钾长石、石英、黑云母等组成。副矿物组合为磁铁矿、石榴石、锆石、磷灰石、榍石。晚奥陶世为花岗闪长岩、英云闪长岩。中细粒半自形粒状结构，岩石由斜长石、石英、角闪石、黑云母及钾长石组成。副矿物组合主要为磷灰石、锆石、榍石。

晚志留世—早泥盆世侵入岩：主要岩石为二长花岗岩及少量二云母花岗岩。二云母花岗岩（尕东沟岩体），中细粒结构，块状构造。主要矿物由斜长石、钾长石、石英、黑云母、白云母（1%～2%）组成。斜长石为半自形板状，具聚片双晶、钠式双晶。钾长石呈他形，为微斜长石。副矿物组合为锆石、磷灰石、磁铁矿、钛铁矿、石榴石、独居石。花岗闪长岩，中细粒结构，块状构造。主要矿物由斜长石、石英、钾长石、黑云母及微量白云母组成。斜长石为半自形板状，具聚片双晶、卡式双晶。钾长石呈他形，为微斜长石。副矿物组合为锆石、磷灰石、磁铁矿、磁黄铁矿、钛铁矿、石榴石、独居石。二长花岗岩，中—细粒结构，块状构造。主要矿物组合由斜长石（更长石）、钾长石（微斜长石、微纹长石）、石英、黑云母组成。副矿物组合为磁铁矿、榍石、锆石、磷灰石。

3. 南祁连岩带

该带主要为晚志留世—早泥盆世侵入岩，主要岩石为二长花岗岩、花岗闪长岩、二云母花岗岩及少量钾长花岗岩（阿日郭勒-拜兴、哈克吐蒙克、野牛脊山岩体）。二云母花岗岩（阿日郭勒-拜兴岩体），似斑状中粗—中细粒结构，块状构造。主要矿物组合由斜长石、钾长石、石英、黑云母、白云母（1%～2%）组成。斜长石为中—更长石。钾长石为微斜长石、条纹长石。白云母分布不均匀。副矿物组合为磷灰石、锆石、独居石、磷钇矿及金属矿物。花岗闪长岩，似斑状中细粒结构，块状构造。主要矿物由斜长石、石英、钾长石、黑云母及角闪石组成。斜长石为中—更长石，半自形板状，具聚片双晶。钾长石为微斜长石。副矿物组合为磷灰石、锆石、榍石及金属矿物。

4. 拉脊山岩带

该带主要为奥陶纪石英闪长岩、闪长岩，少量英云闪长岩、石英闪长岩（庙尔沟、二台岩体），中粗粒半自形粒状结构，岩石由斜长石（自形—半自形板状，中长石An30～40）、石英、角闪石、黑云母、少量钾长石、辉石及帘石组成。副矿物主要为磁铁矿、磷灰石、榍石。庙尔沟岩体东段发育少量辉长岩、闪长岩，岩石呈相变关系。

（四）海西—早印支期侵入岩

该期侵入岩主要在南祁连岩带发育中泥盆世—早石炭世侵入岩。岩石主要为二长花岗岩、闪长岩、辉石闪长岩、花岗闪长岩、辉长岩，少量碱长花岗岩及辉石岩。辉长岩在空间上往往与闪长岩、辉石闪长岩共生，花岗闪长岩岩体边部常具有闪长岩、辉石闪长岩及暗色包体。

闪长岩、辉石闪长岩岩石化学偏基性，为角闪辉长岩。辉长岩，中细粒结构、辉长结构，岩石矿物组合主要为斜长石（基性长石）、辉石、角闪石，少量黑云母及含钛矿物。二长花岗岩，中细粒结构、似斑状结构，块状构造。岩石矿物组合主要为斜长石（半自形板柱状，更—中长石）、钾长石（微斜条纹长石，半自形板状，格子状双晶）、石英、黑云母，部分岩石见少量角闪石，副矿物为磷灰石、锆石、独居石。花岗闪长岩，中细粒结构、似斑状结构，块状构造。岩石矿物组合主要为斜长石（半自形板状，更—中长石）、钾长石（微斜长石，半自形板状）、石英、黑云母，少量角闪石。副矿物组合为磷灰石、锆石、榍石及不透明矿物。

四、火山岩

（一）元古宙火山岩

古元古代火山活动较弱，火山岩不甚发育，呈不稳定的夹层赋存于托赖岩群、金水口岩群片麻岩组中。为一套深灰色—灰黑色层状无序的中深变质岩系，岩性主要为灰色—灰黑色斜长角闪片岩和角闪斜长片岩、斜长角闪岩等，经原岩恢复为一套海相喷发的基性火山岩。

长城系湟中群青石坡组分布于中祁连陆块南缘，为湟中群分布最广的一组，其岩性主要为千枚岩、板状变砂岩和石英岩，部分呈互层状。夹暗绿色变石英辉绿岩（可能为潜火山岩）及少量变中性熔岩凝灰岩，变安山岩仅出现在中部，呈不稳定的层状产出。说明青石坡组沉积的早、中期曾有过火山喷发活动，总之，该组属于一套以砂泥质岩为主夹火山岩的类复理石建造。

(二)寒武纪—奥陶纪火山岩

1. 北祁连岩带

中寒武统黑茨沟组火山岩：该组火山岩呈北西-南东向条带状分布于走廊南山以北，野牛沟、祁连、峨堡以南，火山岩与区域构造线一致。该组为一套海相沉积的碎屑岩及火山岩建造，与各地层均为断层接触。火山岩分异性较好，酸性、中性、基性火山岩均有分布。该组以喷发相为主，局部为爆发相，潜火山岩不发育，最后以喷发—沉积相而告终。该组火山岩横向上有所变化，在不同地段出露不同，在西北部的走廊南山地区以基性火山岩为主，在西南部的托莱山西部局部地区以中酸性火山岩为主，在玉石沟—川刺沟—峨堡又以基性火山岩为主。火山喷发活动总体上先基性后酸性，火山喷发韵律明显，显示出喷发活动频繁，并有短暂喷发间断。火山岩岩石有橄榄玄武岩、玄武岩、细碧岩、安山玄武岩、玄武安山岩、安山岩、英安岩、流纹岩等。

下奥陶统阴沟组火山岩：分布于达坂山、冷龙岭、仙米、甘禅口，呈北西西-南东东向展布，其南、北两侧与各时代地层呈断层接触。该组火山喷发以裂隙式喷溢为主，局部有中心式爆发。以中基性、基性火山岩为主，火山岩地层厚度较大。裂隙式喷溢，岩性简单，分布广泛。爆发相的火山岩岩性变化大，有喷发间断，显示了火山喷发韵律多又明显的特征，可分为喷溢相、爆发相、潜火山岩相、火山喷发—沉积相，以喷溢相为主，与爆发相交替出现，夹有沉积相。该组火山岩具低绿片岩相变质，岩石有变玄武岩、变安山玄武岩、变安山岩、变英安岩、变流纹岩等。主要岩石组合为一套块层状、枕状基性熔岩，少量中酸性熔岩和部分火山碎屑岩及少量沉火山碎屑岩，夹正常沉积碎屑岩等，另有少量潜火山岩相呈脉状产出。

上奥陶统扣门子组火山岩：分布于达坂山北坡一带，呈北西-南东向展布，其展布方向与区域构造线方向基本一致。火山岩总体为一套基性—中酸性的火山岩组合，由爆发相、喷溢相、喷发—沉积相、潜火山岩相组成，以喷溢相为主，岩石有枕状(块状)玄武岩、杏仁状玄武安山岩、英安岩、流纹英安岩等。

2. 拉脊山岩带

中寒武统深沟组火山岩：主要分布于拉脊山中段。火山活动较弱，规模小，沿岩带南、北两侧分布。北侧火山岩厚度大，南侧厚度小。下部以熔岩为主，上部则以沉积岩为主，仅见少量熔岩夹层。火山岩为玄武岩、细碧岩化玄武岩、安山玄武岩、粗面玄武岩、粗安岩、玄武安山岩夹中性、基性角砾熔岩、熔岩角砾岩、集块熔岩等。火山活动具喷溢—爆发多次活动的规律。

上寒武统六道沟组火山岩：该组火山岩分布于拉脊山主脊及其两侧，呈近东西向展布，以拉脊山中段最为发育。火山岩岩石为玄武岩、碱性橄榄玄武岩、橄榄拉斑玄武岩、玄武安山岩、玄武质粗面安山岩、安山岩、高镁安山岩、橄榄粗安岩、粗安岩、英安岩、流纹岩。除此之外，还有拉斑玄武质细碧岩、粗玄质细碧岩、玄武安山质细碧岩或玄武安山质细碧角斑岩、安山质角斑岩、角闪安山质角斑岩、英安质石英角斑岩等。

下奥陶统阿夷山组火山岩：该组火山岩分布于拉脊山中段北侧的阿夷山一带，火山岩呈北西西向延伸，线性分布，火山岩以层状、似层状分布。在阿夷山该岩组底部为一层酸性熔岩。中部以砂、砾岩为主夹中性熔岩，顶部为火山角砾岩。在东沟该岩组岩石组合下部为酸性熔岩，上部为中性熔岩。该组火山岩以喷溢相为主，爆发相较少。岩石为橄榄拉斑玄武岩、玄武安山岩、安山岩、粗面岩、英安岩、流纹岩、钠质霏细岩、角砾状钠质霏细岩等，以中性熔岩为主。

中奥陶统茶铺组火山岩：该组火山岩仅出露于拉脊山西段昂思多沟脑(深沟脑)，才毛吉峡和中段的泥旦山一带，呈近东西向断续分布。其北界与下伏上寒武统六道沟组熔岩夹结晶灰岩呈角度不整合，其上与晚泥盆世地层不整合接触。该组岩石组合底部为复成分砾岩，下部为砂岩、板岩夹砾岩，中部为基性、中基性熔岩夹板岩，上部为中性、基性熔岩与板岩互层。基性熔岩为少量橄榄拉斑玄武岩、橄榄粗安岩。

上奥陶统药水泉组火山岩：药水泉组零星分布于拉脊山的才毛吉峡、窑路湾一带。该组地层呈东西向延伸，南、北两侧均为东西向断层所截。下岩组为一套陆源碎屑岩、凝灰质碎屑岩，夹少量变玄武岩、变安山岩。上岩组为凝灰质碎屑岩、陆源碎屑岩夹变安山岩。

（三）志留纪火山岩

志留纪火山岩仅分布于南祁连岩带，火山岩赋存于志留系巴龙贡噶尔组。

志留系巴龙贡噶尔组火山岩：分布于土尔根达坂山南、布哈河南侧。火山岩呈夹层产出，主要为片理化酸性火山碎屑岩，在局部见呈透镜状产出的英安岩。

（四）石炭纪—二叠纪火山岩

石炭纪—中二叠世土尔根大坂组火山岩：分布于宗务隆山-鄂拉山亚带的鱼卡、巴音山、天峻南山、哇洪山及兴海—苦海一带，总体上呈一平卧的"S"形条带分布。岩带北部巴音山为蚀变玄武岩、安山岩。天峻南山火山岩较发育，为蚀变玄武安山岩、变安山岩、变玄武岩，向南东哇洪山—玛温根山以变碎屑岩为主夹灰岩及酸性火山岩，兴海—苦海一带为基性熔岩。

石炭纪—中二叠世果可山组火山岩：主要分布于巴音山—茶卡一带，与甘家组为断层接触，呈近东西—北西向展布，为浅海相碎屑岩、碳酸盐岩夹火山岩的沉积建造。其中灰色中厚层状灰岩与杏仁状安山玄武岩互层，并见有玄武安山岩，少量角砾安山岩。

石炭纪—中二叠世甘家组火山岩：分布于巴音山、关角、哇玉香卡、哇洪山—玛温根山一带。该组为一套生物灰岩、砂屑灰岩、灰岩夹砂岩，局部地段出现少量火山岩夹层，火山岩在哇洪山—玛温根山一带较发育。下部为中性火山岩及火山碎屑岩，中上部为碎屑岩夹灰岩，岩石类型为玄武安山岩、辉石安山岩、石英安山岩、安山质凝灰熔岩。韵律较发育，为爆发—溢流—间歇变化。

（五）三叠纪火山岩

早—中三叠世隆务河组火山岩：分布于宗务隆-泽库岩带中的青海湖南山-泽库亚带。火山活动微弱，仅在苦海一带的疏勒河、唐干乡、夏仓乡一带有少量火山岩出露。岩石类型为安山岩、流纹岩，以夹层、透镜状近东西向产于隆务河组杂色碎屑岩中，火山岩空间上延展性差。另在河卡南东、过马营南有少许中性—酸性火山碎屑岩。

晚三叠世鄂拉山组火山岩：分布于该亚带的龙羊峡以东—同仁一带。火山岩不整合于下、中三叠统之上，被印支期花岗闪长岩所侵入，并与下白垩统、新近系不整合接触。火山岩由熔岩和火山碎屑岩组成。熔岩由安山岩、英安岩、流纹岩组成。火山碎屑岩由各种火山角砾、集块、凝灰质岩石组成，总体反映以火山碎屑岩为主，由火山碎屑岩—熔岩交替组成多个韵律。火山岩为陆相中心式喷发，同仁一带火山喷发中心多，喷发强烈，各种岩相发育。火山机构呈环状、半环状展布，不同岩相的火山岩呈层状、互层状产出。

五、构造

研究区内构造类型以断裂构造为主。断裂构造较为发育，主断裂（带）控制了构造和地层区划，并且对岩带（岩区）和矿带划分也起到重要的控制作用。多数断裂是显生宙以来特别是中生代的构造活动形迹，它们大多具有长期的发育历史，既有继承复活性，又有改造新生性，因此同一断裂的产状、性质、所处构造层次等在三维空间上都有较大的变化。区内较大的断裂有3条（图2-2）。

1.中祁连北缘断裂

该断裂为中祁连岩浆弧北缘的主边界断裂，沿托勒南山—达坂山呈北西-南东向延伸，断面北东倾，

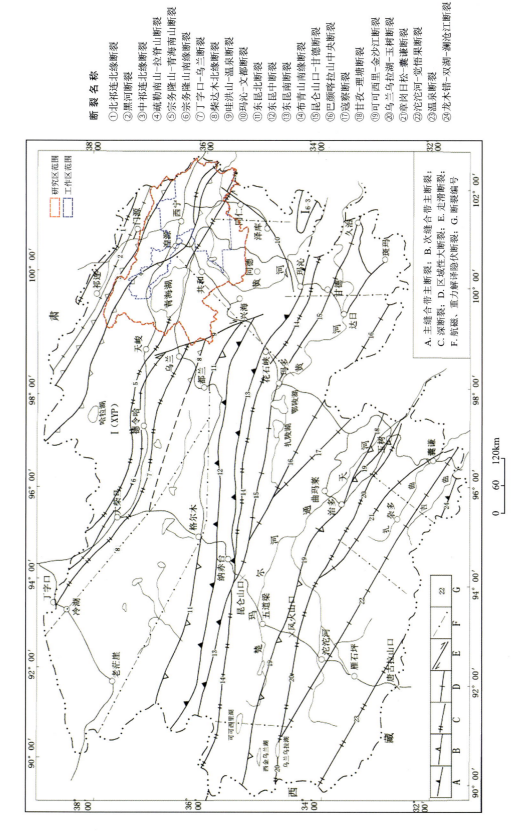

图2-2 青海省主要断裂分布图

两端延入甘肃,省内长约500km。据大地电磁测深资料,深部产状较陡有转向之势,沿断裂带为磁重力梯度带,沿该带北侧有蛇绿岩、蛇绿混杂岩(体)出露及大量的基性、超基性岩分布,断裂北侧为北祁连蛇绿混杂岩带及走廊南山岛弧,是一条规模大、深度低至莫霍面的岩石圈断裂或超岩石圈断裂。

2. 疏勒南山-拉脊山断裂

该断裂系党河南山-拉脊山早古生代蛇绿混杂岩带主断裂,呈北西—北西西向展布,东、西两端延入甘肃,省内长630km,为南西倾的俯冲断层,倾角50°~70°,电磁地震测深反映深部断面陡倾,下延30~39km为一岩石圈断裂,拉脊山一带有蛇绿岩、蛇绿混杂岩体出露,基性、超基性岩发育,该断裂为中祁连岩浆弧与南祁连岩浆弧的分界断裂。

3. 宗务隆山-青海南山断裂

宗务隆山-夏河甘家晚古生代陆缘裂谷北缘主边界断裂北侧为南祁连岩浆弧。断裂西始土尔根大坂,东经宗务隆山、青海南山、循化南进入甘肃,走向北西西,倾向南,省内长大于650km。天峻南沿断裂有基性、超基性岩分布,布格异常图上大柴旦以东呈北西向梯度带,以西为磁场分界线,南侧为正磁异常区,北侧为负磁异常区,是一条断面近直立微向南倾,自西向东逐渐变深的超岩石圈断裂。

六、区域矿产特征

根据《青海省第三轮成矿远景区划研究及找矿靶区预测》成果,研究区自北至南跨北祁连加里东期铜、铅、锌、金、铬、石棉(铂、钴、汞)成矿带,中祁连加里东期钨、稀有、铜(钛、锑、金)成矿带,南祁连加里东期(钨、锡、金、铜)成矿带,拉脊山加里东期镍、钴、金、稀土、磷(铜、钛、铂)成矿带,日月山-化隆加里东期镍、铜(铂)成矿带和同德-泽库印支期汞、砷、铜、铅、锌、金(锑、钨、铋、锡)成矿带6个Ⅲ级成矿带(图2-3)。其中拉脊山加里东期镍、钴、金、稀土、磷(铜、钛、铂)成矿带和日月山-化隆加里东期镍、铜(铂)成矿带对研究区元素地球化学特征具有显著影响,现将二者成矿特征简述如下。

(一)拉脊山加里东期镍、钴、金、稀土、磷(铜、钛、铂)成矿带

1. 概况

该成矿带位于中祁连成矿带南部,南北由拉脊山南北缘深断裂所限,西起青海湖东,东倾伏于民和盆地之下,呈北西向,长约130km,宽4~13km,平面上呈"S"形狭长带状。

2. 大地构造环境及演化

该成矿带所对应的是南祁连-拉脊山造山亚带东段的拉脊山部分,为元古宙晚期古陆解体离散而成的槽地,由早古生代物质所充填,以寒武系特别发育为特色;志留纪末槽地闭合褶皱成山,并长期处于隆升剥蚀环境,其间只在晚泥盆世、侏罗纪、白垩纪、第三纪(古近纪+新近纪)和第四纪局部出现山间沉积盆地,形成零星分布的沉积盖层。

3. 地层及含矿信息

造山期地层为寒武系最发育,由碎屑岩、碳酸盐岩和基性或中基性火山岩组成,下部夹含铁硅质岩和铁矿层;火山岩是含铜的高背景岩石,普遍出现铜的矿化;火山岩发育地段和与之邻近的层位常有具铬、镍矿化或高背景的超基性或基性岩体产出。奥陶系分布不普遍,为碎屑岩和中性或中基性火山岩岩石组合,偶有含铁石英砂岩或铁矿层产出,其含矿性普遍不佳。志留系只在局部残留,为独特的海相磨

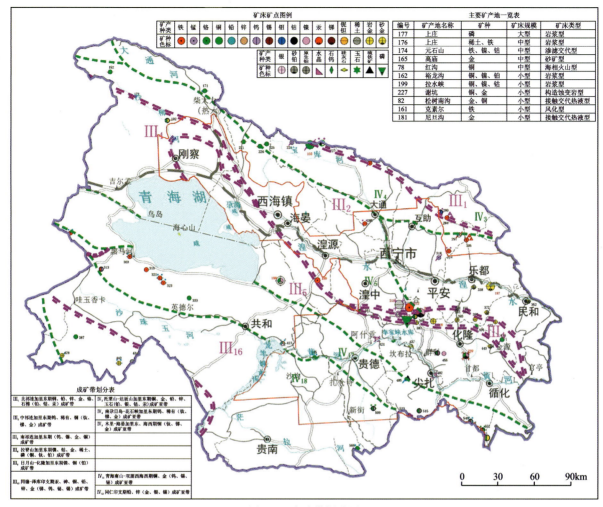

图 2-3 成矿带划分图

拉石砾岩夹砂岩、板岩(含笔石)建造,没有矿化信息。造山期后盖层沉积的含矿性表现为侏罗系的煤和白垩系砂岩局部含铜。

4. 地球化学特征

该成矿带元素丰度显示较强的专属性特点,与基性、超基性岩相关组分 Au、Co、Cr、Ni、P、V、Ti、Al_2O_3、TFe_2O_3、MgO 等具高丰度态势,这与该带超基性岩、基性岩及基性火山岩发育密不可分。W、U、Li、La、CaO、Th、Be、Bi、Sn、K_2O、SiO_2 等丰度较全省稍高或相当,原因与带内中酸性侵入岩很少有关。

5. 矿产特征

据统计,区内已发现矿产种类共 21 种,其中以铁、铜、铬、镍、磷、锰、铅、锌、金、银、钼、煤、石灰岩等较为重要。在各矿种中,金属矿(化)点 68 处,但规模多不大。成型矿床主要为与铁质超基性岩有关的元石山镍钴铁矿床、上庄磷铁(稀土)矿床;与基性火山岩有关的岩浆热液型金矿床如泥旦沟、天重峡共 4 处。

(二)日月山-化隆加里东期镍、铜(铂)成矿带

1. 概况

该成矿带北与拉脊山南缘深断裂为界,南与青海南山大断裂为界,与日月山-化隆隆起一致,西起日月山,向东延入甘肃省内,东西长约 250km,南北宽 20~40km。

2. 大地构造环境与演化

该成矿带与化隆元古宙古陆块体对应，它的南界是横亘中国中部的青海湖-北淮阳深断裂带的青海湖—能科段，是秦祁昆造山系与青藏北特提斯造山系的分界位置。块体的西北延伸过日月山到哈尔盖北被二叠系—三叠系覆盖，块体的基本组分是古元古代的片岩和片麻岩（偶有超基性岩体侵位），以及加里东晚期侵入的闪长岩和花岗岩类组分的岩体；其上的盖层始于二叠系并持续到第四系，二叠系—三叠系是海相地层，陆地地层始于侏罗系。海西期和印支期的花岗岩类岩体在块体的南部边缘零星分布。

3. 地层与含矿性

区内古元古界中含有石英岩，局部纯度高具工业利用价值，其次是片岩局部含石墨。盖层中以二叠系和白垩系的砂岩局部含铜，以及侏罗系煤层与第三系（古近系＋新近系）黏土和膏盐层等的产出而显示其含矿性。

4. 地球化学特征

带内 Li、P、Cu、F、V、TFe_2O_3、Co、Cr、La、Ni、Sr、Ti 等元素显示较高丰度，可能与加里东晚期中酸性岩浆侵入有关。

5. 矿产特征

带内发现 13 个矿种，25 处产地。其中与基性—超基性岩有关的铜镍（铂族）矿床（点）有裕龙沟小型铜镍（铂）矿床，拉水峡小型铜、镍、钴、（铂）矿床等镍、铜镍矿点共 6 处。矿体赋存于角闪岩、辉石岩、辉长岩岩相内，岩体受北西向构造控制。

第二节 水系沉积物地球化学特征

一、水系沉积物元素丰度

研究区 39 种元素的含量按对数正态分布剔除离散值后的平均值作为各元素在水系沉积物中的丰度值，与青海省丰度值进行对比（表 2-1，图 2-4）。与全省相比，研究区 B、CaO、P 等丰度相对较高，Au、As、Sb、Bi、Hg、Zr 等丰度相对偏低，其余元素丰度与全省丰度相当。

表 2-1 测区元素丰度特征统计表

元素	全省（n＝73 778）	本区（n＝5 616）	元素	全省（n＝73 778）	本区（n＝5 616）
Ag	66.1	60.9	Mn	584.0	573.5
Al_2O_3	11.1	10.8	Mo	0.7	0.6
As	12.4	9.4	Na_2O	1.8	1.6
Au	1.4	1.1	Nb	11.8	12.1
B	45.2	47.9	Ni	23.8	22.9
Ba	531.0	484	P	505.0	567.3
Be	2.0	1.9	Pb	20.2	19.9

续表 2-1

元素	全省($n=73\,778$)	本区($n=5\,616$)	元素	全省($n=73\,778$)	本区($n=5\,616$)
Bi	0.3	0.2	Sb	0.8	0.6
CaO	3.1	4.9	SiO_2	65.9	62.6
Cd	0.1	0.1	Sn	2.7	2.4
Co	9.9	10.2	Sr	194.0	203.9
Cr	55.4	52.2	Th	10.0	9.4
Cu	19.5	20.7	Ti	3 074.0	3 298.7
F	480.0	499.2	U	2.1	2.1
TFe_2O_3	3.8	3.8	V	65.7	68
Hg	24.7	16	W	1.7	1.5
K_2O	2.4	2.1	Y	21.3	21.3
La	33.3	32.7	Zn	55.5	52.8
Li	30.0	30.7	Zr	203.0	150
MgO	1.7	1.9			

注：氧化物为$\times 10^{-2}$，Au、Ag、Hg 为$\times 10^{-9}$，其他为$\times 10^{-6}$。

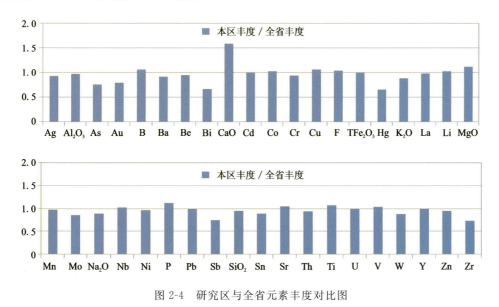

图 2-4　研究区与全省元素丰度对比图

二、元素富集离散特征

元素的富集离散受地层、构造、岩石建造及成矿规律的控制，地质背景影响元素的组合特征及分配规律。区内各元素原始数据的变异系数（CV_1）和背景数据变异系数（CV_2）分别反映两类数据集的离散程度；CV_1/CV_2 反映背景拟合处理时离散值的削平程度。通过全区原始数据和背景数据变异系数的计算，利用 CV_1 和 CV_1/CV_2 制作变异系数图（图 2-5）来反映元素的富集离散特征。

Au 背景值较低但离散程度非常高，数据变化大，这种特征说明 Au 在局部强烈富集，拉脊山加里东

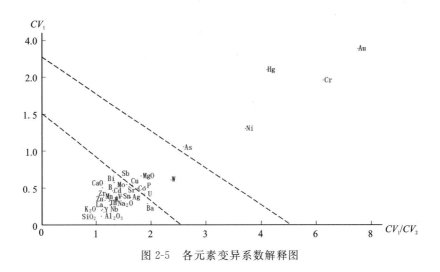

图 2-5 各元素变异系数解释图

期成矿带系列金矿床点验证了这种元素富集特征,同时 As、Hg 作为金成矿伴生元素也体现出高离散的特征。Ni、Cr 高离散是疏勒南山-拉脊山早古生代缝合带地质背景以及与之相关的成矿特征的体现;Cu、Co、Sb、MgO 的较高离散特征是疏勒南山-拉脊山早古生代缝合带镁铁质岩和中基性火山岩地质背景及其与之相关成矿特征的体现;U、W、P 的较高离散特征可能是由本地区多期次中酸性岩浆岩的侵入活动引起。

三、元素组合特征

元素组合特征受地质背景、构造环境、成矿规律的影响显示不同的特征,对元素组合特征科学合理地分析和提取对元素地球化学特征的分析起至关重要的指导作用。以全区水系沉积物测量元素(或氧化物)分析数据做 R 型聚类分析(图 2-6),相关系数在 0.2 的水平上将其分为 7 个地质意义比较明显的簇群,进而分析元素(或氧化物)组合特征。

第Ⅰ簇 Ag、Pb、Cd、Mo、F、Zn、Al_2O_3、Nb、Y、Ti、Li、K_2O、P 组合反映了研究区中酸性岩浆活动,其高背景区与中酸性岩浆分布区基本一致。

第Ⅱ簇 As、Sb、Au、Co、V、TFe_2O_3、MgO、Cu、Mn、Cr、Ni、Bi、W 组合反映了研究区缝合带、火山沉积、造山运动以及与之相关的成矿活动,其元素富集区基本对应于研究区两条缝合带及火山岩分布区,同时富集区已发现系列与之相关的矿床点。

第Ⅲ簇 Ba,Ba 与其他元素相关性较低,其地质意义不明确。

第Ⅳ簇 Hg,Hg 是对构造活动反应最为灵敏的元素,其富集区严格对应于本地区主要的区域断裂构造。

第Ⅴ簇为 B、CaO、Sr、Be、La、Th、Sn、U 组合,从元素分布规律判断其是反映咸水滨湖相—咸水湖泊相沉积碎屑岩-膏盐建造的退缩盆地的元素组合,同时也在一定程度上反映了中酸性岩浆活动。

第Ⅵ簇 SiO_2、Zr 组合和第Ⅶ簇 Na_2O 反映区内普遍受到风成物的干扰。

四、地层地球化学特征

以各元素在不同地质体的统计特征来讨论在地质体中元素的分布特征,以不同地质体汇水域内元素相对丰度作为指标,探讨不同地质体中元素地球化学特征。

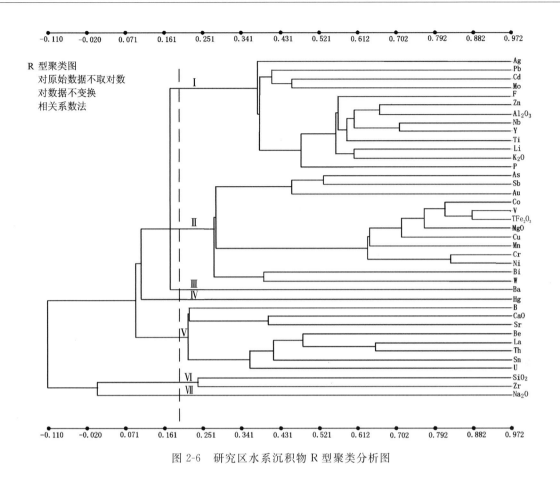

图 2-6 研究区水系沉积物 R 型聚类分析图

1. 第四纪地层（Q）

区内第四纪地层分布较为广泛，皆为陆相，具有明显的高原特色，除早更新世沉积大部固结成岩外，其余皆为松散沉积物，成因类型比较复杂。全新世沉积冲积物内 Hg、CaO 元素丰度相对全区丰度较高，风积物内 As、Bi 元素丰度相对全区丰度较高，其余元素丰度基本接近全区丰度。

2. 第三纪地层（E—N）

第三纪地层出露有西宁组（Ex）和贵德群的临夏组（N_2l）、咸水河组（N_2x）。临夏组（N_2l）地层中 Au、Bi 丰度偏高于全区丰度，其他元素丰度与全区丰度接近；咸水河组（N_2x）地层中 As、Au、Bi、Cr、Ni、Sb、W 等元素丰度高于全区丰度，Hg 元素丰度低于全区丰度，其他元素丰度基本上与全区丰度保持一致；西宁组（Ex）地层中 Mo、Ni、Sr、CaO 等元素丰度略高于全区丰度，其他元素丰度接近全区丰度。

3. 白垩纪地层（K）

白垩纪地层主要是河口组（K_1h）和民和组（K_2m），岩性以碎屑岩、泥岩为主。河口组（K_1h）和民和组（K_2m）地层中水系沉积物中元素丰度基本接近，As、Au、W、CaO 等元素丰度稍高于全区丰度，其他元素丰度与全区丰度接近。

4. 三叠纪地层（T）

三叠纪地层主要为隆务河组（$T_{1-2}l$）、古浪堤组（$T_{1-2}g$）和郡子河群，岩性以砂岩、砾岩、粉砂岩等为主。古浪堤组（$T_{1-2}g$）地层中 As、Bi、Sb、W 等元素丰度略高于全区丰度，隆务河组（$T_{1-2}l$）和郡子河群地层水系沉积物中元素丰度与全区丰度基本接近,起伏较小。

5. 二叠纪地层(P)

二叠纪地层主要为巴音河群,岩性以砂岩、碎屑岩、灰岩等为主,水系沉积物中各元素丰度与全区丰度基本相当。

6. 奥陶纪地层(O)

奥陶纪地层主要为一套半深海相中基性火山岩建造地层,该类地层中 As、Au、Cr、Co、Cu、Hg、Ni 等元素丰度明显偏高,其余元素丰度基本接近全区丰度。

7. 寒武纪地层($\in$)

寒武纪地层在区内出露黑茨沟组($\in_2 h$)和六道沟组($\in_3 l$)。该地层中 As、Au、Cr、Co、Cu、Hg、Mo、Ni 等元素丰度相对全区丰度明显偏高,其余元素丰度与全区丰度基本相当。

8. 蓟县纪地层(Jx)

蓟县纪地层出露石山群克素尔组(Jxk),岩性以灰白色、灰色—深灰色厚层状白云岩为主,地层中 Ba、Hg、P、CaO、MgO 等元素丰度略高于全区丰度,其他元素丰度接近全区丰度。

9. 长城纪地层(Ch)

长城纪地层出露湟中群,为一套浅变质岩系。其青石坡组(Chq)地层水系沉积物中元素丰度与全区丰度基本接近,磨石沟组(Chm)地层中 Bi、V 元素丰度高于全区丰度,其他元素丰度与全区丰度相当。

10. 古元古代地层(Pt_1)

古元古代地层主要为托赖岩群、湟源群,为一套绿片岩相和角闪岩相的深变质岩系。其水系沉积物中元素丰度与全区丰度基本接近。

11. 中酸性岩浆岩

研究区内中酸性岩浆岩大面积出露,岩性以花岗岩、花岗闪长岩、石英闪长岩等为主,活动期次多、规模较大。酸性花岗质岩类岩石中 Be、La、Nb、Sn、Th、Zr、K_2O、Na_2O 等元素丰度略高于全区丰度,其他元素丰度与全区丰度基本接近;中性闪长岩类中 Au、Cd、Co、Cr、Cu、Hg、Mn、Ni、V、TFe_2O_3、MgO 等元素丰度明显高于全区丰度,其他元素丰度接近全区丰度。

第三节 区域土壤特征

一、土壤母质

成土母质是地表岩石经风化作用,就地残积或搬运再积于地表的疏松堆积物。土壤是在其成土母质基础上发育起来的,成土母质对土壤的形成、发育及理化性质特征具有重要的意义。所以成土母质是一个既包含了地学意义又反映了农学特征的特殊地质体。

岩石的沉积环境、结构构造、矿物组成等决定土壤母质特征,进而影响土壤的性质。不同的地理环境同时也影响土壤对岩石及土壤母质地球化学特征的继承性。在山区母岩的结构构造和岩石地球化学组成对成土母质及土壤的影响最大,在母岩—成土母质—土壤间存在深刻的承袭性关系;冲洪积平原为运积母质堆积区,堆积物经过不同程度的搬运,故元素地球化学专属性不明显。基于以上认识,将研究区成土母质划分为六大类10种类型(图2-7)。

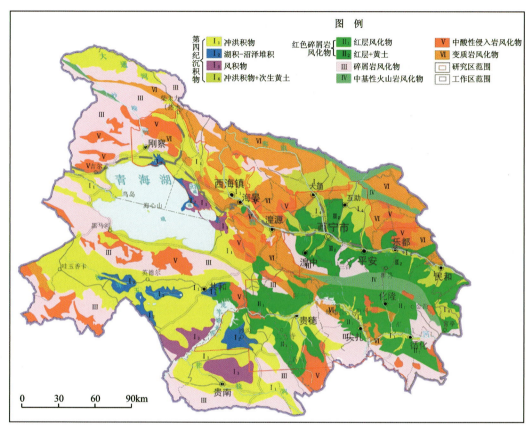

图 2-7 研究区土壤母质分类图

(一) 第四纪沉积物

第四纪沉积物是指岩石风化后经动力搬运和分选后,在特定部位沉积下来的松散堆积物。研究区第四纪沉积物成因类型主要有残积、坡积、冲积、洪积、风积、湖积和沼泽堆积等。按主导地质作用将研究区第四纪沉积物归并为残坡积、冲洪积、风积、湖积-沼泽堆积、冲洪积+次生黄土五大类。由于残坡积搬运距离较短,对母岩的承袭性强,故按母岩风化物进行讨论;另青海东部地区(日月山以东)风成黄土沉积较厚,黄土作为成土母质的重要组成,对土壤的理化性质具有重要影响,同时黄土与其他地质体空间上具有重叠性和二元结构,因此将黄土和所重叠的地质体作为一个特殊地质体进行讨论。现将各第四纪沉积物简述如下。

1. 冲洪积物

冲洪积物主要分布在山间沟谷、山前洪积扇、盆地边缘等部位,研究区湟水河流域、黄河流域、共和盆地、青海湖盆地有较大面积分布,面积约14 600km²,约占研究区面积的23.2%。

晚更新世沉积冲洪积物以砂砾石堆积及上部亚砂土层组成现代河床、河漫滩、低级阶地。底部砂砾石呈青灰色,松散,分选差,粒径大小悬殊,一般为10~20cm。磨圆差,多具棱角状,砾石成分以花岗岩为主,石英岩次之,其间有青灰色细砾薄层,细砾分选性好,一般粒径0.2~0.5cm,层厚0.5~0.8m。

全新世沉积冲积物分布于近代河谷,构成各大河流的Ⅰ、Ⅱ、Ⅲ级阶地。岩性以砂卵石为主,夹砂砾石透镜体,结构松散,底部含少量黏土。砂砾卵石呈浅灰白色,分选和磨圆较好,粒径0.5~10cm,砾石成分有灰岩、砂岩、花岗岩、石英岩。厚度变化大,一般盆地中干河流谷地厚20~70m,丘陵山区河段3~30m。另外在盆地中干河流Ⅱ、Ⅲ级阶地表层有0.3~3m厚黄褐色粉土质砂黏土。洪积物组成山前洪积扇裙,岩性主要为黄褐色—灰褐色含黏土、砂砾石夹薄层含碎石黏砂,厚0~30m。

2. 湖积-沼泽堆积

湖积物主要分布于共和盆地,沼泽堆积仅在青海湖北缘小面积分布。三者面积约1 240 km^2,约占研究区面积的2.0%。

湖积物一般在湖滨浅水地带以颗粒较粗的砂砾沉积为主,在湖心深水地带以细粒的粉砂、黏土沉积为主,湖积物和其他陆相沉积物比较,一般颗粒较细,颗粒的分选性、砂砾的磨圆度、砾石的扁平度较好。

沼泽堆积物以灰色—灰黑色含腐殖质淤泥为主,夹薄层黄褐色—红褐色含碎石黏砂,厚0~40m。

3. 风积物

风积物分为风成沙和风成黄土,风成沙主要分布于日月山以西的青海湖盆地北缘和共和盆地,风成黄土在日月山以东地区广泛分布。

风成沙是指经风力搬运、堆积的沙粒,粒径在0.06~1mm之间,磨圆度高;石英砂颗粒的表面有碟形坑、溶蚀迹和SiO_2淀积物;矿物组成以石英为主,含少量长石与各种重矿物,很少有不稳定矿物存在。

黄土是指原生黄土,即主要由风力作用形成的均一土体;黄土状沉积是指经过流水改造的次生黄土。风成黄土的粒径在0.005~0.05mm之间,黄土的矿物成分有碎屑矿物、黏土矿物及自生矿物3类。碎屑矿物主要是石英、长石和云母,占碎屑矿物的80%,其次有辉石、角闪石、绿帘石、绿泥石、磁铁矿等;此外,黄土中碳酸盐矿物含量较多,主要是方解石。黏土矿物主要是伊利石、蒙脱石、高岭石、针铁矿、含水赤铁矿等。黄土的物理性质表现为疏松、多孔隙,垂直节理发育,极易渗水,且有许多可溶性物质,很容易被流水侵蚀形成沟谷,也易造成沉陷和崩塌。

4. 冲洪积物+次生黄土

此类成土母质主要分布在湟水河流域两侧的冲积平原、河流阶地及支流冲洪积扇上,由于湟水河两侧山区广泛分布黄土,经地表径流搬运后以次生黄土的形式与其他冲洪积物在特定部位沉积,形成该地区特有的成土母质。由于湟水河流域是青海省主要的农耕区,在此类成土母质上发育的耕作土经长年的耕作土壤理化性质已发生较大改变,但土壤对母质仍具有很大限度的地球化学承袭性。

(二)红色碎屑岩风化物

红色碎屑岩风化物指咸水滨湖相—咸水湖泊相沉积碎屑岩-膏盐建造的第三纪(古近纪+新近纪)岩石风化物,面积约8 895km^2,约占研究区面积的14.2%。第三纪地层主要为西宁组(Ex)、贵德群临夏组(N_2l)和咸水河组(N_1x)。

西宁组主要分布于拉脊山以北的西宁盆地、民和盆地及其周边山区,西宁组为棕红色泥岩、砂质泥岩与灰绿色、灰白色石膏互层夹砂岩、粉砂岩,近盆地边缘砂砾岩增多。咸水河组和临夏组主要分布于拉脊山以南的贵德、化隆、循化丘陵山区,岩性以砂砾岩、泥岩和石膏为主。

此类岩性脆弱,风化速度快,易侵蚀。风化物多呈红色、棕红色、黄褐色或暗黄色,质地较轻、黏度大、紧实、通透性较差、碳酸钙含量较高。风化物多发育成栗钙土和淡栗钙土。

拉脊山以北的西宁盆地、民和盆地及其周边山区广泛出露西宁组红色岩系,同时该地区也是风成黄土的主要沉降区。受地理地貌、流水侵蚀、重力坍塌等因素影响,黄土厚度具有较大的差异性,如夷平面地形较缓,黄土厚度在1~20m之间;陡坡地带黄土厚度较薄,在0.2~2m之间,甚至古近纪+新近纪地层裸露;沟谷地带黄土和古近纪+新近纪地层风化物混合堆积。因此,红色碎屑岩风化物和黄土在分布上具有重叠性和二元结构,在此基础上发育的土壤具有二者地球化学承袭性。故将红色碎屑岩风化物+黄土划分为一类土壤成土母质。

(三)碎屑岩风化物

碎屑岩风化物是指古生代、中生代沉积碎屑岩所形成的各类风化残积物,面积 13 745km², 约占研究区面积的 21.9%,主要分布于刚察、青海湖南缘、尖扎、化隆一带。

此类风化物以石英、长石和岩屑为主,抗风化能力强,含有较多碎石,质地较轻,土壤疏松,通透性好,土体较浅薄。

(四)中基性火山岩风化物

中基性火山岩风化物是指早古生代半深海相中基性火山岩建造岩石风化物,面积约 1 798km²,约占研究区面积的 2.9%,主要呈条带状沿达坂山和拉脊山分布。由于中基性火山岩分布区为高海拔地区,岩石风化以物理风化为主,土壤发育缓慢,土体较薄(20~60cm),土壤中碎石较多,土壤质地黏重,富含盐基,矿物质元素丰富,适于种植药材、牧草等。

(五)侵入岩风化物

侵入岩风化物主要指以中酸性侵入岩为母质形成的风化残积物,面积约 5 330km²,约占研究区面积的 8.5%,在整个研究区零散分布。母岩主要有花岗闪长岩、二长花岗岩、钾长花岗岩、石英闪长岩等,此类岩石极易风化,风化物呈粒状结构,风化物中石英、长石含量较高,在此基础上发育的土壤土层疏松、通透性好,钾元素含量较高。

(六)变质岩风化物

变质岩风化物是指元古宙变质岩所形成的风化残积物,面积约 8 366km²,约占研究区面积的 13.3%,主要分布于中祁连陆块的热水—达坂山—甘禅口一带和南祁连陆块湟源—李家峡—尖扎一带。岩性为以高绿片岩相、角闪岩相为主的变质岩,风化物土层较厚,土壤发育良好,质地以壤土为主,矿物组成以石英、钾长石和伊利石为主,土壤矿物质元素含量较高,种植适宜性良好。

二、土壤类型

研究区土壤类型较多,主要的土壤类型有栗钙土、高山草甸土、灰褐土、黑钙土、高山寒漠土、山地草甸土、灰钙土、风沙土等。区域上土壤类型随海拔和植被变化而具有垂直分带性,这在拉脊山地区最为明显:山脊地带为高山草甸土,而后随海拔降低,山脊两侧依次发育山地草甸土、黑钙土、栗钙土,至河谷地带则为灰钙土。

(一)高山寒漠土

1.分布特征

研究区内高山寒漠土主要分布在祁连山、达坂山、青石山、拉脊山主脊海拔 4 000m 以上的地区。

2. 成土条件及成土过程

高山寒漠土分布部位高，脱离冰川影响最晚，成土年龄最短，地表岩石裸露，溶冻碎石流广布，母岩以砂质板岩、砂岩为主。成土过程以物理风化为主，化学风化和生物作用微弱。植被以高山流石坡稀疏植被为主，在碎石流间隙的细土物质上分散生长草本植物和垫状植物。

3. 基本形态

高山寒漠土发育弱，土层薄，土体厚度10～30cm，剖面分化不明显，质地较黏的表层可出现溶冻结壳。腐殖质层发育较弱，常见粗有机质碎屑与角砾质岩屑相混，底部常为多年冻土，土被不连续，土体多见A-C或(A)-AC-C等层构型发生层次。

4. 利用与改良

高山寒漠土分布地区气候环境严酷，土壤风化发育程度低，有效养分含量不足，植被极为稀疏，农牧业利用价值不高，可作为高原特有药材（如雪莲、贝母等）的采挖基地，但由于生态系统极为脆弱，因此要严加控制，避免过度破坏。

(二) 高山草甸土

1. 分布特征

高山草甸土分布于祁连山、达坂山中上部、大通河、黑河谷地以及湟水谷地森林生长郁闭线以上的地区。

2. 成土条件及成土过程

高山草甸土是在各种成土因素共同影响下形成的历史自然体，是当前受人类生产活动影响较小的少数自然土壤之一。高山草甸土的成土母质类型较多，在12 000年前的晚冰期时代，高山地区主要被山古冰川所占据，随着气候转暖，坚冰融化，土壤才在广泛分布的冰碛物或冰水沉积物上发育，因而成土时间短，母质也以冰碛物及冰水沉积物为主，但在地形及水流影响下，更为年轻的堆积物，如重力堆积物、坡积物、洪积物、冲积物等各自占据特定的地形部位，制约着土壤的发生发展。

3. 基本形态

(1) 原始高山草甸土。它是高山草甸土向高山寒漠土过渡的一个土属，常位于高山寒漠土带下或交叉分布，呈条带状或斑块状。土壤形成过程缓慢，发育程度低，但表层粗有机质积累明显，草皮层基本形成或正在发育，但厚度较小，常不足30cm，剖面结构以As-C(D)或AC-C(D)层构型为主，土体石灰反应取决于母质种类性质而变异很大，有效养分贫乏，肥力低下。

(2) 碳酸盐高山草甸土。它主要分布在阳坡、河谷低阶地、宽谷滩等较干旱地段，是高山草甸土中最为干旱的土属，植被优势种为各种蒿草，但以耐干旱的小蒿草较普遍，是青海省主要的天然牧场之一。高山草原草甸土生草过程强烈，地表根系交织的植毡层发育明显，坚实且具有弹性。土体较干旱，淋溶弱，全剖面具有石灰反应，石灰新生体发育，出现部位高。草皮易成片脱落形成"黑土滩"，在强风暴雨侵袭下可发生大面积砂砾化。

(3) 高山草甸土。此类土系高山草甸土的主要土属，土体厚度50～80cm，地形平缓时土体厚，而陡坡地段厚度可小于30cm，一般有草皮层(As)、腐殖层(A1)、过渡层(AB或BC)，最下为母质层或母岩(D)。高山草甸土有机质含量普遍较高，且层次分异明显，全量养分丰富。

(4) 高山灌丛草甸土。它与高山草甸土在同一层带，二者常复合分布。高山灌丛草甸土常占据阴坡、偏阴坡地段。高山灌丛草甸土土体厚度约 40～60cm,受海拔高度和地形坡度制约明显,一般海拔越高,坡度越陡,土层越薄。在高寒灌丛植被下草皮层(As)不发育,代之可出现凋落物层(Ao)或苔藓层,下面为粗腐殖层,富含未分解或半分解的粗有机质,腐殖层深厚,过渡层土色深暗,有时腐殖层直接与母质层相接。剖面结构为 Ao-Al-(AB)-C(D)型,在高寒灌丛草甸下剖面构型近于高山草甸土。

4.利用与改良

高山草甸土是青海高山地区的主要草场土壤,热量条件虽较差,但水分条件较好,牧草生长低矮,但繁茂。高山草甸土区的气候条件严酷,热量不足限制了种植业的发展,今后仍以发展草地畜牧业为主。就土壤而言,全量养分丰富,全氮达 3.4～6.1g/kg,全磷 1.4～2.0g/kg,全钾 20～23.7g/kg。保肥能力强,生产潜力大。但因地势高寒,土壤微生物种类少,数量低,活动弱,养分的释放率低,周转慢,在牧草吸收强度较大的生长旺盛期土壤肥力明显下降,在草地的氮、磷施肥实验中增产明显。

由于人为过度放牧,区域自然变干加重,融冻滑塌加重而导致草场退化,为扭转由此造成的蒿草死亡,草皮剥蚀,土壤砂砾化,"黑土滩"逐年扩大,肥力下降,产量降低,应加强草场管理,合理放牧,在科学利用上下功夫。

(三)高山草原土

1.分布特征

研究区内高山草原土主要分布于海南州西部高山带阳坡及地形开阔处。

2.成土条件及成土过程

高山草原土成土母质以洪积冲积物、湖积物、冰水沉积物及残积坡积物等为主,质地轻粗,含砾多。成土过程总的特点是都具有腐殖质积累作用和钙积作用。

3.基本形态

研究区仅分布高山草甸草原土亚类,分布于高山草原土与高山草甸土相接的过渡带,在柴达木盆地东部两侧高山带中上部,上接高山寒漠土或石质土、粗骨土等,是高山草原土中水分条件最优越的一个亚类。植物生长良好,覆盖度较好,表层草根很多可有不连续的松软草皮层,腐殖质层发育,色深。

4.利用与改良

高山草原土水热条件严酷,缺少种植业的发展条件,牧业仍是主要利用方向。由于质地粗疏,土层浅薄,肥力低,加之地处高寒,气候变化强烈,自然灾害频繁,冬春易遭雪灾,牧业生产亦不稳定。为此,在有条件的地区推行季节畜牧业,选育当地优良牧草,建立人工草地及扩大饲草饲料基地,秋季储草,冬季补饲,勘探地下水,扩大草地利用面积,避免过度放牧,是保持区域生态环境、稳定牧业生产的必要措施。

(四)山地草甸土

1.分布特征

研究区内山地草甸土主要分布于祁连山仙米林场一带、青石山一带以及达坂山两侧,呈带状分布。

2.成土条件及成土过程

山地草甸土成土母质比较复杂,有残积物、坡积物、洪积物、冲积物、冰碛物及黄土、红土等。山地草甸土的成土条件、有机质积累与高山草甸土基本相似。

3. 基本形态

山地草甸土的剖面发育比较完整，呈 As-A-AB-C 层构型，土壤发育不受地下水影响，主要因冻融导致土体内常形成片状结构，但出现层位较高山草甸土深。有机质积累量大，腐殖层深厚，土地内经常可见蚯蚓类动物活动，阴坡灌丛土体潮湿，可见锈纹锈斑，由于成土处于低温、湿润气候条件下，淋溶作用弱，矿物风化不彻底。

4. 利用与改良

山地草甸土天然牧场生长良好，产量高，盖度大，营养丰富，宜作四季草场，但要有计划放牧，切记勿过度放牧。在阳坡的山地草甸土已出现退化，山地草原草甸土的草皮层已剥蚀殆尽，可采用封育、补种优良草籽来恢复植被。在低平谷地、河流两岸的阶地及部分滩地，可择土层厚、小气候好的地方种植饲草，但应采取一定的农业技术措施，增施有机肥料和适量化肥。

(五) 灰褐土

1. 分布特征

灰褐土上承高山草甸土、亚高山草甸土，下接黑钙土、栗钙土，它与山地草甸土处在同一高程地带。主要分布在祁连县的黑河、八宝河支流的沟谷岸旁及峡谷地区；门源县大通河东段的河流两岸及峡谷中；阿伊山、达坂山、日月山、青石山的中低山带以及互助县的北山林场等。

2. 成土条件及成土过程

灰褐土是在半干旱、半湿润地区的山地垂直带中的一种森林土壤，所处地形属于河流两岸的山坡或峡谷地区。避风、微润、峡谷的特殊生境条件，是该地的特点。

土壤的成土母质多因山体的不同而复杂多样，主要有黄土和黄土性母质，以及由紫泥岩、红砂岩、火山碎屑岩、花岗岩、闪长石、片麻岩等多种岩石风化的坡积-残积物，也有少数发育在板岩、页岩、石灰岩等的坡积-残积母质上。灰褐土的成土过程是有机质积累，弱黏化，碳酸钙及其他矿物质的半淋溶和淀积过程。

3. 基本形态

(1) 淋溶灰褐土。碳酸钙在土层的中上部淋溶明显，一般不见石灰反应，碳酸钙含量很低，在阴坡处全剖面不见石灰反应。矿质全量中 SiO_2、TFe_2O_3、Al_2O_3、CaO、MgO 等都显弱的淋溶和淀积，其他元素变动不大。土壤结构好，多为粒状和团粒状，土壤肥沃，有机质含量平均 147.3g/kg，高者达 300g/kg，其他养分含量也很丰富，但剖面中多有大小不等的石块和砾石。其土体构型为 Ao-A-AB-C 型。

(2) 碳酸盐灰褐土。碳酸盐灰褐土主要分布在灰褐土地带中的避风向阳的阳坡峡谷地，成土母质以黄土状或红土状物为主，土体比较干燥，有机质、胡敏酸、富里酸含量低于淋溶灰褐土。该类土淋溶很弱，但淋溶淀积现象还有，在土地的上部一般都可见弱或中等的石灰反应，碳酸钙以假菌丝状淀积现象在中下部，淀积层都以强石灰反应出现。矿质全量中 SiO_2、TFe_2O_3、Al_2O_3 以及其他元素都不显淋溶，而且 SiO_2 不明显地看出表聚现象。土体构型 Ao 层很薄，其下则为赤褐色或暗褐色的有机质层，全剖面富含石块和砾石，有机质层为粒状结构，母质层和淀积层则为块状结构。

4. 利用与改良

灰褐土是林业生产用地，在林间空地草本植物也很茂密，以生产木材等为主，也作为冬春牧场。森林在高原生态环境中占有很重要的地位，它不仅给人类提供丰富的生活资源，还能保持水土、调节气候、涵养水源。因此保护森林资源、做好生态管护是该地区的首要任务。

(六)黑钙土

1.分布特征

黑钙土在研究区内大面积分布,主要分布在山前冲积、洪积平原、台地、缓坡、滩地及脑山、半脑山地区,上承山地草甸土,下接栗钙土,海拔2 500～3 300m。

2.成土条件及成土过程

黑钙土成土母质多为黄土、红土、残坡积物以及冲洪积物。成土过程为腐殖质积累与钙化过程。

3.基本形态

土体腐殖层较厚、松软,一般50～100cm,呈黑褐色或灰棕色。土体中、下部多具有明显或不太明显的石灰反应,见有假菌丝状、斑点状石灰新生体。腐殖层之下常见到舌状过渡层。作为本地区主要的土壤类型,现将各主要土壤亚类特征分述如下。

(1)淋溶黑钙土。主要分布于工作区脑山地区,土体通层无石灰反应,腐殖质层厚度多在50cm以上,有的厚达100cm。此亚类下划3个土属。

山地淋溶黑钙土:多位于脑山地区,黑钙土上部,海拔3 300m以下中山阴坡,具有深厚黑色腐殖质层,厚达40～80cm,最厚可达150cm,质地黏重,淋溶明显,磷的释放度低,土壤湿,含水量可达25%以上。

滩地淋溶黑钙土:基本处在海拔较高的滩地阴山的山前小片滩地,土壤湿度大,土温低,土体0～10cm为灰色沙壤土,粒状结构,植物根系极多,10cm以下为褐色中壤土,粒状结构。土壤厚度在80～100cm之间,通体无石灰反应,成土母质为冲洪积物。

耕地黑钙土:主要分布于门源盆地大通河两岸阶地,土壤母质为冲积物,透水性好,淋溶性强,土层厚30～60cm,其代换量与有机质和质地正相关,心土层高于表土层,其门源典型剖面如下。

0～20cm:灰褐色,重壤土,团块状结构,较紧,有棕红色的灰渣,弱石灰反应。

20～60cm:灰色,轻黏土,块状结构,土体紧,无石灰反应。

60cm以下:灰色,重壤土,块状结构,土体紧,无石灰反应。

(2)黑钙土。土体中有一定的淋溶淀积,剖面上部无或弱石灰反应,中性,中部出现钙积层,厚25～45cm。此亚类下划3个土属。

山地黑钙土:位于山地阳坡和坡度较陡的地方,居于淋溶黑钙土下限,表层即有石灰反应,中下部具有明显钙积层。

滩地黑钙土:表层有草皮,草皮层挤压紧实,富有弹性。土体厚度60cm左右,有机质厚50cm左右,水热条件好,自然植被生长繁茂,是优质草场。

耕种黑钙土:土层厚度100cm以下,耕性良好,适合种小麦、青稞等。由于多年耕种,肥力消耗下降,表层有机质含量降至25.4g/kg,比自然土壤66.7g/kg减少41.3g/kg。湟中县大源乡甘河沿村典型剖面显示如下。

0～26cm:浊黄褐色,重土壤,松散,植根多,弱石灰反应。

26～50cm:黄褐色,中土壤,块状结构,较紧,根系中,弱石灰反应。

50～74cm:明黄褐色,中土壤,块状,紧,根系中,见有假菌丝体,强石灰反应。

74～117cm:明黄褐色,中土壤,块状,紧,见有假菌丝体,强石灰反应。

117～150cm:明黄褐色,中土壤,块状,紧,根系极少,仍见有假菌丝体,强石灰反应。

150cm以下:明黄褐色,黄土母质。

(3)碳酸盐黑钙土。此亚类是黑钙土向栗钙土过渡的类型。土体偏干,淋溶弱,自地表起极具石灰反应,20cm 或 50cm 以下出现钙积层,土体厚度 30~100cm,此亚类下划 3 个土属。

山体碳酸盐黑钙土:土壤母质多为黄土,淋溶程度较弱,自表土层起通体石灰反应,土壤多呈黄褐色。据资料反映,工作区无此土属分布。

滩地碳酸盐黑钙土:此土属主要分布在工作区浩门农场以西的皇城一带的大通河两岸阶地或滩地。母质多为洪积物,土地偏干,有机质含量减少,土层变薄,厚度在 30~80cm 之间,土体通体石灰反应。植被以蒿草、针茅、披碱草等中旱植物为主。

耕种碳酸盐黑钙土:此土属主要分布于浩门农场的冰水冲积倾斜平原,是门源主要的耕种土壤。上接耕种淋溶土壤,下部过渡到暗栗钙土。土温较高,土壤水分适中,耕垦后土壤通气性良好,耕层有机质矿化较快,加上耕种时间长,土色变浅,表层有机质含量明显下降,土心层一般高于表土层,土体上松下紧,全剖面呈强石灰反应。

4. 利用与改良

有利于草甸草原植物生长,产草量高,天然牧草营养成分高,是优良的畜牧草场,应合理利用,避免过度放牧引起草场退化。若土壤已有沙化和风蚀退化,应及时补种优良草籽,并注意土壤水土保持。耕种黑钙土因常年耕种,有机质和全氮含量消耗大,必须科学增施有机肥及氮磷化肥,开展水利建设,适时适量灌溉,提高粮食产量。

(七)栗钙土

1. 分布特征

栗钙土分布于大通盆地的侵蚀低山丘陵,北川河、西纳川河流阶地及冲洪积滩地上,青海湖东北部海晏、刚察地区,沙珠玉河东北部地区,民和西南部等地。

2. 成土条件及成土过程

栗钙土土壤母质多样,但主要是第四纪黄土和第三纪(古近纪＋新近纪)红土物质、各种岩石风化物、冲洪积物和风沙淀积物质。栗钙土由于半干旱气候的影响,土壤淋溶较弱,成土过程是在中性及弱碱性环境条件下以腐殖质的累积、分解和钙化为主的过程。

3. 基本形态

土壤有机质含量较腐土纲的黑钙土类低得多,腐殖质层水稳定性团粒也较其为少,团粒结构也差,淋溶作用弱,土壤钙化作用强,土体均有石灰反应,碳酸钙的淀积层位与含量也较黑钙土类高。根据其发育程度、有机质含量划分为暗栗钙土、栗钙土、淡栗钙土、草甸栗钙土和盐化栗钙土,现将研究区内主要亚类土壤特征分述如下。

(1)暗栗钙土。暗栗钙土主要分布于互助县、海晏县、湟中县的半浅、半脑山区和海拔较高的阶地、滩地,常与黑钙土、山地草甸土构成复区。该土在栗钙土中海拔最高、温度偏低、湿度偏大,土壤淋溶弱,土体均有石灰反应,石灰淀积层多在土体 60cm 以下,具有少量假菌丝,钙化作用弱,碳酸钙含量较低。腐殖质积累强度较其他亚类高,腐殖质厚度在 60cm 左右,呈波状分布。剖面形态呈 Ah-AhB-Ck 型,表层腐殖层(Ah)呈团粒状结构,松散,根系较多,多为中壤土。其下为腐殖质过渡层(AhB),呈碎块状,紧,厚度在 40~60cm 之间,有碳酸钙淀积层。最下为母质层(Ck),多为黄土物质,紧实,块状。此亚类土壤又下划黄土性暗栗钙土、砂性暗栗钙土和耕种栗钙土 3 个土属。

(2)栗钙土。栗钙土主要分布于大通盆地的低山阳坡、半阳坡、河流阶地、冲洪积扇;青海湖滨滩地以及海东地区湟水流域的浅山地区。此亚类土壤与暗栗钙土亚类相比,腐殖质积累较弱,有机质层相对较薄,钙积层出现部位一般在 30~50cm。剖面形态是 Ah-Bk-Ck 型,表层为腐殖层(Ah),一般呈灰褐色或黄褐色,单粒或小团粒结构,厚度 25～30cm,紧,根系较多,质地为中壤。其下为淀积层(Bk),一般呈黄褐色或浊黄色,块状结构,根系少,紧实,中壤或重壤,土层厚 40～80cm,该层碳酸钙含量明显增加。最下为母质层(Ck),多为黄土或第三纪(古近纪+新近纪)红土。

(3)淡栗钙土。淡栗钙土主要分布于湟水河域,沙珠玉河流域的低山丘陵的中、下部和浅山阳坡地带。土地干燥,淋溶极弱,钙化作用强,通体具有强石灰反应。剖面形态是 Ahk-Bk-Ck 型,表层为腐殖层和过渡层(Ahk),一般为褐色或黄褐色,粉状或单粒结构,根系少,紧实,层厚 20～30cm。淀积层(Bk)呈明赤褐色或淡黄色,根系少,紧实,中壤或重壤,层厚 40cm 左右,有机质含量低,碳酸钙多为粉末或眼状石灰斑。母质层(Ck)多为黄土或第三纪(古近纪+新近纪)红土。

4. 利用与改良

栗钙土是青海省内主要的耕种土类,如何合理利用和培肥改良是发展农牧业的关键,总体来说应加强水土保持,重视水利建设,合理灌溉,增施有机肥;在干旱欠收的浅山地区建议退耕还林、退耕还牧,或种植特色经济农产品。

(八)灰钙土

1. 分布特征

灰钙土主要分布在西宁市郊,海东地区的山前阶地,谷地及低山丘陵区。

2. 成土条件及成土过程

灰钙土的成土母质以黄土或黄土状物质为主,也有洪积-冲积物,在风蚀和水土流失严重的黄河、湟水沿岸低山丘陵,形成大片峭壁和陡坡秃岭,黄土层很薄,有的红土裸露。灰钙土的地表常覆盖有较薄的风积沙或小沙包,没有覆沙地段见有细裂缝与薄假结皮,并着生一些地衣与藓类的低等植物。

3. 基本形态

根据灰钙土发育特点划分灰钙土和淡灰钙土 2 个亚类。

(1)灰钙土。灰钙土亚类是灰钙土的代表土壤,分布在该土带类的上沿,或与淡栗钙土亚类穿插形成复区。该亚类一般分布在海拔 2 000～2 400m,沿黄河、湟水系低山丘陵区,呈狭长带状,在土类中相对年气温稍低,年降水量稍高。依据农牧业生产利用状况和发育熟化程度划分灰钙土和耕灌灰钙土 2 个土属。

灰钙土:灰钙土土属一般分布于丘陵,河谷两侧低山沟谷的陡坡或尚未开垦引水灌溉的山前坡地,剖面中下部养分含量下降快,由于有机质分解强烈,速效养分含量相对较高,因剖面中部钙化作用,碳酸钙含量最高。以平安县三合乡东村海拔 2 350m 的 16 号剖面为例。

0～23cm:浊黄色,轻壤土,粒状结构,较松,根系多,有粉末状石灰新生体,强石灰反应。

23～71cm:淡赤橙色,中壤土,粒块状结构,紧,根系中等,有粉末状石灰新生体和石膏结核,强石灰反应。

71～121cm:明黄褐色,轻壤土,团块状结构,较紧,根系少,有石膏结核,强石灰反应。

121～150cm:明黄褐色,中壤土,块状结构,较松,无根系,强石灰反应。

耕灌灰钙土:耕灌灰钙土土属是经人为开垦,引水灌溉形成的耕种土壤,主要分布在西宁市,海东地区和贵德、尖扎县等地区。耕灌灰钙土是灌淤土的过渡类型,在长期的灌淤、施肥、耕种的作用下,形成了稳定的灌淤层,厚度小于 30cm。埋藏的老耕层,有机质含量仍较高,碳酸钙含量也略高一些,有淀积现象,但钙化层不明显。

(2)淡灰钙土。淡灰钙土主要分布在海东、西宁和尖扎县的湟水水系低山丘陵,海拔 2 000m 以下,黄河主干流域海拔2 200m以下的山前阶地或沿河陡峭低山。淡灰钙土亚类划分淡灰钙土和耕灌淡灰钙土2个土属。

耕灌淡灰钙土：耕灌淡灰钙土是淡灰钙土经人为灌溉、施肥、耕作形成的耕灌土壤，主要分布于海东地区淡灰钙土带中的河谷Ⅲ级阶地、沿沟缓坡地和零星冲积、洪积滩地。此土属的剖面形态以平安县三合乡海拔2 230m的8号剖面为例说明。

0~20cm：灰褐色，轻壤土，粒状结构，松，根系多，强石灰反应。

20~60cm：黄褐色，中壤土，块状结构，紧实，根系多，强石灰反应。

60~150cm：黄褐色，轻壤土，较紧，根系极少，强石灰反应。

4.利用与改良

灰钙土地区因气候干旱，气温高，少量开垦种植的旱地产量极低而十年九不收，故有"闯天田"之称，近几年有许多已经弃耕。引、提灌溉的耕灌土壤主要种植小麦，单产3 000~4 500kg/hm²。其余大部分灰钙土中，处在低洼、缓坡和阴坡的多用于放牧草场，陡峭和秃岭地片经雨水冲刷，水土流失严重，基本没有植被，目前暂未利用。该地区是青海省热量条件最优的，日照充足，昼夜温差大，适于种植和发展多种作物、蔬菜和果树。依据灰钙土的性态特征，在改良利用上应采取：种草种树，保持水土；大力发展灌溉，开发利用灰钙土；培肥土壤。

(九)风沙土

1.分布特征

研究区内风沙土主要分布在海南藏族自治州共和县的沙珠玉、三塔拉、湖东地区，海北藏族自治州的刚察、海晏两县青海湖沿岸。

2.成土条件及成土过程

风沙土是在风沙地区风成沙性母质上发育而成的幼龄土壤，它处于地带性土壤内。成土过程是在风蚀、沉沙、沙压、沙埋及生长固沙植物、积累养分等过程中矛盾统一形成的幼龄土壤。

3.基本形态

研究区仅分布草原风沙土亚类，根据风沙土发育阶段和植物生长情况、固沙能力续分为固定草原风沙土、半固定草原风沙土和流动草原风沙土3个土属。

(1)固定草原风沙土。主要分布在青海湖北岸和东岸，贵南的木格滩，共和县的沙珠玉、三塔拉等地，土植被覆盖率较高，地表很少见到流沙移动。

(2)半固定草原风沙土。主要见于青海湖北岸和东岸、贵南县的木格滩、共和县的西部等地。半固定草原风沙土是在风蚀、积沙和生物固定流沙中进行的成土过程，半固定草原风沙土风蚀仍很严重，风蚀地貌景观明显。

(3)流动草原风沙土。主要见于青海湖北岸和东岸，属刚察、海晏、共和等县范围内及贵南的木格滩、共和的三塔拉、沙珠玉以及果洛藏族自治州的玛多、玛沁等县。流动风沙草原土处在干旱、少雨、多风的草原地带，大风和沙暴流沙是该地的特点，也是流动草原风沙土主要的成土原因，风吹就流动，地表多堆积成波浪式的沙丘，形状如新月形或成起伏不平的沙梁，沙丘和沙梁很不稳定，经常随风移动。

4.利用与改良

青海省的风沙土面积仍在不断扩大，但目前农、林、牧业都很少利用，也很难利用。共和县的沙珠玉乡是治沙造林、造田的典范。在风沙土地区平沙种树，种粮，林渠田配套。农田林网化，渠系配套，林灌草综合治理，使荒沙地变良田，取得很好的效果。保护沙区的植被，封沙育草，草、灌、林综合治理，增加绿色面积，造福人类，对沙区附近的草地和林地应加倍保护，严禁过牧和乱砍乱伐。

（十）棕钙土

1. 分布特征

棕钙土主要分布在海南藏族自治州共和县、兴海县的西部地区的山间盆地、洪积扇、河流两岸阶地和茶卡盆地。

2. 成土条件及成土过程

棕钙土明显具有荒漠土壤特征，主要成土过程是弱腐殖质积累过程和强钙积化过程，其剖面由腐殖质层、钙积层和母质层组成，并伴有一定盐分聚积过程，地表常具砾质化、沙化和荒漠假结皮，剖面构型为 A-B-BC-C 型。

3. 基本形态

成土母质为黄土状沉积物，土层厚度 50~100cm，质地均一，轻壤或中壤较多，层次分异较明显。

4. 利用与改良

棕钙土耕地存在的主要问题有在靠近河边滩地或洪积扇上部土层浅薄，质地粗，砾石含量高，土壤蓄水保肥能力差，同时易受自然条件危害，加之土地沙瘠，渗漏严重或水利设施不配套，导致作物产量较低。针对以上问题，建议今后采取如下措施：加固和扩建防洪堤坝，完善已有的防护林，改造河滩地，尽快增厚土层，提高土壤自身的缓冲性能，合理施用肥料；建立配套的水利设施，排水抑盐，同时应大搞秸秆还田或扩大绿肥种植面积，改善土壤结构，确保高产稳产。

（十一）灌淤土

1. 分布特征

灌淤土是在灌溉条件下经过灌淤、耕作、培肥而形成的高度熟化的耕作土壤，主要分布在青海省东部农业区的海东地区、西宁市郊和黄南尖扎、同仁县的老川水地区，以及海南藏族自治州贵德县等地。

2. 成土条件及成土过程

灌淤土多发育在灰钙土和淡栗钙土地带，气候干旱燥热，降水量少，只有靠灌溉才能发展种植业。主要特征是有一定厚度的灌淤熟化土层，灌淤层具有均匀性特点，物理性质和化学性质缓慢变化，土层颜色较为均一，呈褐色或淡栗色，土壤结构状况和颗粒组成相一致，多碎块或团块状结构。

3. 基本形态

灌淤土根据受地下水影响的附加成土过程，划分为灌淤土和潮灌淤土两个亚类。

（1）灌淤土。灌淤土亚类具有灌淤土类的典型特征，不受地下水影响，全剖面无锈纹锈斑。多位于河流两侧Ⅱ级阶地和高缓坡的阶地，在洪积、冲积扇中、下部及沟谷低阶地中亦有零星小片分布，一般采取自流引灌，地面比降坡度大，水源流速较快，排水良好，停灌后，耕地灌淤积水迅速下渗。土壤熟化程度高，结构良好，肥力水平高。

（2）潮灌淤土。潮灌淤土主要分布在东部农业区各县川水地区，多位于河流Ⅰ级阶地、冲积扇缘或沟河交汇三角洲。地势平坦，较低洼，排水不畅，地下水位高，土性潮湿，地温低。潮灌淤土是在地下水位高、长期耕灌种植条件下形成的土壤，故潮灌淤土剖面下部出现锈纹锈斑。潮灌淤土分薄层潮灌淤土和厚层潮灌淤土两个土属。

4. 利用与改良

灌淤土是引黄、湟灌区川水地区的中、高产土壤,主要种植小麦。物理性好,具有良好的土体构型,犁底层不甚明显,有利于作物根系生长发育,因黏粒受淋溶作用在心土层淀积聚积,有一定托水肥之功能。壤土质地,通透性强,土块较松软发暄,宜耕性好,水、气、热协调,灌淤层深厚,养分总储量多,耕层速效养分含量高,土壤具有创造高额丰产的条件,但部分地区的灌淤土重用轻养,施用农家肥少,用增加化肥来争夺高产,部分水利工程设施不配套,水管工作又较混乱,导致保浇面积和灌水次数逐年减少。改良利用主要措施:深翻改土,提高土壤肥力;扬长避短,因土种植;充分发挥气候、土壤优势,提高复种指数;推广综合性培肥措施,改造中、低产田;加强水利设施的维护管理,做好工程配套。

(十二)沼泽土

1. 分布特征

沼泽土仅在青海湖北部和共和盆地哇玉香卡地区有小面积分布。

2. 成土条件及成土过程

在自然条件下,整个土体或其下部某些层段常年或季节性地处于渍水条件下而呈还原状态,渍水或被水饱和是引起土体内还原作用的重要条件。沼泽土的成土过程,主要是腐殖物质的积累过程及潜育化过程。

3. 基本形态

工作区分布草甸沼泽土、泥炭沼泽土和盐化沼泽土 3 个亚类。

(1)草甸沼泽土。草甸沼泽土地表不积水或仅临时性积水,地表没有明显的泥炭聚积,而常有草皮层,向下为腐殖质层和潜育层,在潜育层上部或腐殖质层下部的结构面、根孔、裂隙常有大量锈色斑块,但一般无结核。

(2)泥炭沼泽土。母质多样,以洪积-冲积物、冰水沉积物、坡积-残积物等最广。植物生长繁茂,覆盖度大,以藏蒿草、小蒿草、薹草为主,马先蒿等杂类草亦不罕见。

(3)盐化沼泽土。盐化沼泽土的成土过程中,除潜育作用外,常伴随有盐积过程,在青海干旱地区的沼泽土具有积盐现象,盐分来源于土体或地下水,在旺盛的地表蒸发中,盐分随上升水流在表土积聚,地表有灰白色盐霜,含盐量差异较大。

4. 利用与改良

沼泽土类土壤有机质丰富,水分充足,牧草繁茂,是农牧业发展良好的土壤资源。但利用时在放牧管理上应注意牲畜种类,一般以放牧牦牛为主,不适羊、马利用,且要注意有关疾病的防治。

(十三)潮土

1. 分布特征

潮土分布范围集中在海东、西宁两地(市)的黄河、湟水河谷及隆务河流域的河漫滩地,是青海省自然条件较优越的土壤。

2. 成土条件及成土过程

潮土形成受地下水、母质和人为耕种活动影响,成土过程包括潮化过程与旱耕熟化过程两个方面,首先是潮化过程,这是潮土形成的主要特点。潮土的成土母质主要为河流洪积冲积物,少部分为次生黄土和红土。潮土是在河流沉积物上直接耕种熟化而成的,农业生产活动的影响增加了土壤有机物的积累,耕地破坏了砂黏相间的表土沉积层,改善了土体结构并增加了养分。

3. 基本形态

成土母质为河流冲积物,由于第三纪(古近纪+新近纪)红土和岩石的顶托秃露,含盐的地下水排泄不畅,滞留在土壤表层和中层,地表通常有白色盐霜,呈斑块状分布,春季盐霜尤为明显。盐化潮土除具有潮土特征外,还具有盐化过程,多属轻度和中度盐渍化土壤。盐化潮土主要影响作物的幼苗生长,若注意耕作管理和增施有机肥,则轻度、中度盐化潮土对一般作物没有太大影响;在重度盐化土壤,烂种严重,作物难以正常生长。

4. 利用与改良

潮土大部分地势平坦,土层较厚,灌溉方便,地下水位高,不易受旱,因此是青海省较好的耕种土壤。但潮土也分别存在地下水位过高,质地轻,含砂量大,土壤有机质含量偏低,土壤受次生盐渍化威胁等不利因素。

为进一步培肥土壤,改良其不良性状,提高潮土生产能力,合理利用开发土壤资源,其改良利用措施有以下几个方面:降低地下水位,防止土壤水渍和次生盐渍化;增厚土层,改良土性;合理耕作,培肥土壤,提高潮土的单位面积产量;合理利用潮土资源,发展农业生产,开展多种经营。

第四节　土地利用现状

根据《青海省遥感土地利用现状图(1∶1 000 000)》,工作区土地利用类型多样,青海省全部29种土地利用类型中除盐田、苇地、冰川及永久积雪、其他园地4种土地利用类型外,其余25种均有分布,各土地利用类型具体分布如下。

1. 耕地

耕地类型包括水浇地、旱地和菜地3种土地利用类型,其具体分布如下。

水浇地:区内水浇地主要分布在水、热条件较好的湟水,黄河及其支流狭长的河流谷地,耕作历史悠久,是区内为数不多的粮食高产区。在青海湖北部的哈尔盖河和沙柳河河口下游有小面积水浇地分布。

旱地:主要分布于研究区东部湟水、黄河两侧中低山丘陵区,呈较大面积的连片分布,在西南过马营地区也有小面积旱地分布。

菜地:仅在西宁市市区东南部有小面积分布。

2. 林地

林地包括果园、有林地、灌林地、疏林地、未成林造林地及苗圃6种利用类型,各类林地分布如下。

果园仅在贵德县城西部及官亭东南的黄河边有小面积分布。

有林地在研究区东部的丘陵山区有较大面积分布,以乐都北山、拉脊山及黄河南山地区分布面积最大;灌林地、疏林地、未成林造林地及苗圃主要在中低山丘陵区零星分布。

3. 草地

草地包括天然草地、改良草地、人工草地及荒草地4种利用类型,各类型草地具体分布如下。

天然草地在全区分布面积最广,从西北部青海湖边湖积平原及其北部的低山、丘陵区到中部的拉脊山地区和南部黄河南山地区及西南黄河两侧丘陵地区连片大面积分布。

改良草地主要分布于青海湖周边的甘子河、西海及海晏一带,在倒淌河及过马营周边也有零星分布。

人工草地主要在刚察县南部的湖积平原及过马营周边有零星分布。

荒草地主要分布于研究区东部湟水河及黄河两岸丘陵区,这类地区红层发育,植被稀疏。

4. 城镇及特殊用地

该类用地主要包括城镇用地、独立工矿用地及特殊用地。

城镇用地主要包括研究区内各市县城市建设用地,其中以西宁市市区面积最大,其余包括大通、湟中、湟源、互助、平安、乐都、民和、化隆、循化、尖扎、贵德、海晏、西海、刚察等州县城市建设用地。

独立工矿用地在研究区内仅在乐都高庙南部有小面积分布。

特殊用地在西宁市市区东部及青海湖湖边沙岛有小面积分布。

5. 水面及滩涂

该类用地包括湖泊水面、水库水面及滩涂用地。区内湖泊水面主要为青海湖、尕海,水库水面主要为龙羊峡水库和李家峡水库,公伯峡水库及积石峡水库由于水道狭长、水面面积相对较小,未进行统计。滩涂主要在青海湖东部边缘,湟中县西南、拉西瓦北部及贵德县东沟地区沿沟系有小面积零星分布。

6. 其他土地

其他土地利用类型包括盐碱地、沼泽地、沙地、裸土地、裸岩及石砾地共6种。

盐碱地和沼泽地研究区内仅在青海湖周边有零星分布;沙地在青海湖东部及过马营西南有较大面积分布;裸土地主要分布于湟水河及黄河两岸红层覆盖区;裸岩及石砾地主要零星分布于研究区北部达坂山及中部拉脊山局部地区。

第三章 工作方法技术

第一节 土壤调查方法

一、地球化学景观区划分

景观区划分的目的是将具有相似特点的土壤加以划分,从而方便土壤测量工作方法的确定。从土壤代表性、厚度的影响因素来看,成土母质、成土过程、气候、地形地貌、人为影响、厚度等因素都是影响土壤特性的因素,这些因素并不是孤立的,大部分因素对土壤的影响均与地形地貌具有一定相关性。因此,景观区的划分方法以地形地貌为核心,结合成土母质、土壤类型、土地利用方式、土壤厚度、土壤迁移特征等因素,从而划分不同的地球化学景观区。

根据划分方法,将青海东部划分为6个景观区,分别为高山残积土壤区、丘陵残积土壤区、丘陵侵蚀土壤区、冲湖积平原区、河谷平原区和风积沙漠区(图3-1),各景观区特征如下。

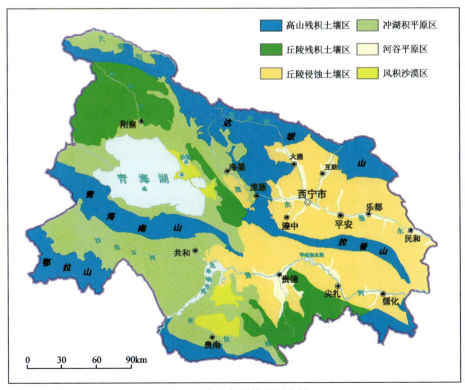

图 3-1 青海东部景观划分图

1. 高山残积土壤区

高山残积土壤区主要包括达坂山、拉脊山、青海南山和鄂拉山海拔 3 700～4 500m 以上的脑山地带，高出盆地平原 1 000m 以上。总体山势陡峭，切割较深，"V"形谷发育，寒冻风化也较强烈。

该景观区普遍发育残积土壤，主要由岩石原地风化形成，北中部地区普遍混入了风成黄土，受高寒气候影响，形成高山草甸土、山地草甸土等类型。土壤厚度一般较薄，但在空间上变化较大，总体阴坡大于阳坡，沟谷大于山梁；尤其在沟谷中土壤汇聚，不仅厚度较大，而且具有较好的代表性。高山区多生长灌林和各类草本植物，由于气候寒冷，有机质分解较慢，有机质的大量积累对土壤的性状和地球化学特征也造成巨大影响。

2. 丘陵残积土壤区

丘陵残积土壤区主要分布在刚察县北部、日月山以及贵德、尖扎南部地区，总体呈低山缓丘地貌，山体浑圆，沟谷宽缓。

该景观区普遍发育残积土壤，主要由岩石原地风化形成，局部地段为黄土母质，土壤类型以高山草甸土为主。土壤厚度一般较厚，沟谷中土壤汇聚，厚度明显大于山坡，是代表性较好的地区。区内植被以草本植物为主，气候冷凉，有机质分解慢。

3. 丘陵侵蚀土壤区

丘陵侵蚀土壤区主要分布在湟水谷地、黄河谷地两侧的丘陵地带，区内丘陵广布，依山势蜿蜒多变，受水系切割支离破碎，多呈红岩低丘、黄土秃梁与"V"形深谷。区内风成黄土广布，总体厚度较大，下部为古近纪、新近纪红层；由于黄土松散堆积易受流水侵蚀，下部红层出露，形成"黄土盖帽"景观，部分地区黄土侵蚀殆尽，呈现以红土丘陵为主的丹霞地貌。

土壤母质以黄土、红层物质为主，在黄土单一覆盖区、红层单一出露区土壤母质相对单一；部分地区如"黄土盖帽"景观区，山体上部土壤为黄土母质，沟谷中土壤为黄土、红层混合母质。土壤厚度变化较大，沟谷土壤厚度明显大于山梁，区内植被稀疏，多为荒草地。

4. 冲湖积平原区

冲湖积平原区主要分布在环青海湖、共和盆地、贵南盆地等地区，总体地势平坦，地表水系紊乱，切割微弱。

土壤母质以冲湖积的亚黏土、亚砂土、砂砾石、卵砾石为主，总体厚度在 0.5～2m 之间，土壤厚度随阶地级别增加而增大。环青海湖地区多为草原，共和盆地和贵南盆地土壤沙化严重，水源充足地区多为农田，其余大部分地区为荒草地，植被覆盖率低。

5. 河谷平原区

河谷平原区主要分布在湟水谷地和黄河谷地，由湟水河和黄河的阶地组成。整体地势平坦，但分布面积有限，呈条带状沿主要河流分布。

土壤母质以河流冲洪积物为主，具二元结构，上部为黄土状亚砂土，下部为砂砾石。该区是省内最主要的农业种植区，也是人口、城市、城镇相对集中的分布区。

6. 风积沙漠区

风积沙漠区主要分布在青海湖东部和贵南盆地中部，地势有一定起伏，地表呈现沙垄、新月形沙丘、沙山等。

区内成土作用微弱，地表与深层物质组成一致，均由细沙组成。地表植被稀疏，可见零星耐寒灌木。

二、样品布设与采集

(一)样点布设

(1)样点布设兼顾代表性与均匀性，最大限度控制调查面积。

(2)表层土壤样基本密度为1个点/km^2，深层土壤样基本密度为1个点/4km^2。每个采样小格均进行布点，不得出现连续空白小格。

(3)高山残积土壤区、丘陵残积土壤区、丘陵侵蚀土壤区样点布设在代表性好的沟谷中，并尽量向格子中央位置靠近。

(4)冲湖积平原区、河谷平原区、风积沙漠区应均匀布点。当格子中农田面积大于1/3时，样点布设于农田中；城镇面积大于3/4时，样点布设于城镇中。

(二)采样深度

表层土壤样采样深度为0～20cm，深层土壤样采样深度统一为100～120cm。

(三)采样方法

(1)表层土壤样在点周围100m范围内3～5处多点组合，垂直采集相应深度的样品，样品原始重量大于1 000g。

(2)深层土壤样不需多点组合；垂直采集相应深度的样品，可以在人工揭露剖面上进行采集，但应揭露出新鲜剖面，确保采集到新鲜土壤样品。

(3)高山残积土壤区、丘陵残积土壤区选择沟谷土壤较厚的地区，采集相应深度的样品，应避免采集基岩风化层。

(4)丘陵侵蚀土壤区应根据土壤母质出露情况，相应采集单一或混合母质土壤，但应避免表层、深层土壤样品母质不一致的情况。

(5)冲湖积平原区、河谷平原区选择土壤较厚的地区，采集深层土壤样应避免采集下部砂砾石层。采样时远离道路、小村镇等点状污染；农田区避开施肥和农药喷洒期。

第二节 综合研究方法

一、数据库建设

(一)建库原则

(1)数据库的建设全面反映以往工作形成的各类数据。

(2)对于不同项目、不同地区、不同比例尺、不同介质的数据要分别建库，首先形成独立的数据库，之后对性质相同的数据进行合并建库，形成系统的数据库集。

(3)对各类数据库补充完善各类属性,包括坐标、地质、土壤、行政区、土地利用方式和成土母质等。

(4)对数据库内各项参数进行统一,包括样品号、坐标单位和元素排列顺序等。

(二)建库方法

(1)数据库主要采用 Excel、GeoExplor、MapGIS 等软件分类制作,形成 Excel 形式的数据库。

(2)不同介质的数据分别建库,并按照地区统一编号。

(3)数据坐标采用带号+坐标的形式整理,利用 GeoExplor 软件形成全省的系统坐标,分不同比例尺、不同介质形成全省数据库。

(4)根据不同比例尺选择相应的地理、地质、土壤类型、土地利用现状图、土壤母质图,利用 MapGIS 等软件给每个数据点赋予相应的属性,并添加在数据库中。

(5)数据点属性的赋予还要考虑不同单元分布的面积及其总体数量,对于分布面积小的单元,将其归并到相近年代或相似成因的单元中,以保证每个单元中分布的数据点具有一定的数量,一般大于30个。对于有特殊意义的单元,适当放宽至 15 个。

(6)数据库中各元素数据按照字母顺序排列,数据精确度参考元素检出限、绝对数值大小,确定统一的精确度。

二、参数统计

(一)特征值统计

对全部数据中元素(指标)的原始数据统计样品总数(N)、平均值($\bar{X}$)、标准离差(S)、变异系数(CV)等。对全域数据集进行离群点的迭代处理,以 $\bar{X} \pm 3S$ 进行迭代形成背景数据集,计算标准离差(S)、变异系数(CV)等参数。另外统计计算表层、深层土壤元素均值与全国土壤丰度值的比值 K_1 等。

(二)各单元特征参数统计

根据土壤样品在不同土壤母质、土壤类型中的分布情况,分别统计元素(指标)的平均值($\bar{X}$)、离差等参数,作为研究不同单元土壤元素分布特征的基础和土壤碳库计算的基础。

(三)多变量统计

多变量统计分析利用 GeoExplor 软件对数据进行聚类分析和因子分析,以揭示元素的亲疏关系及空间分布特征。对于植物与土壤间元素的相互关系,主要采用相关性分析,来研究土壤元素对植物的影响。

(四)风化淋溶强度

风化淋溶强度主要利用盐基阳离子相关的 K_2O、Na_2O、CaO 和 MgO 总量同 Al_2O_3 的比即土壤的风化淋溶系数 ba 来衡量,其表达式为:

$$ba = \frac{K_2O + Na_2O + CaO + MgO}{Al_2O_3}$$

该比值愈小说明风化淋溶强度愈强,反之愈弱。

三、土壤背景值

(一) 分布形态检验

检验数据的分布形态主要检验数据是否属于正态分布或近似正态分布,在此将数据进行对数转换,验证数据是否属于对数正态分布或近似对数正态分布。将数据用 GeoMDIS 软件进行分布检验,并制作直方图。以数据的偏度来衡量数据是否符合对数正态分布或近似对数正态分布。

偏度是指次数分布非对称的偏态方向程度。为了精确测定次数分布的偏斜状况,统计上采用偏斜度指标。在对称分布条件下,$\bar{X}$(平均值)$=M_e$(中位数)$=M_0$(众数);在偏态分布条件下,三者存在数量(位置)差异。其中,M_e 居于中间,$\bar{X}$ 与 M_0 分居两边,因此,偏态可用 $\bar{X}$ 与 M_0 的绝对差额(距离)来表示,即:

$$偏态 = \bar{X} - M_0$$

式中,$\bar{X}$ 与 M_0 的绝对差额越大,表明偏斜程度越大;$\bar{X}$ 与 M_0 的绝对差额越小,则表明偏斜程度越小。当 $\bar{X} > M_0$,说明偏斜的方向为右(正)偏;当 $\bar{X} < M_0$,则说明偏斜的方向为左(负)偏。

由于偏态是以绝对数表示的,具有原数列的计量单位,因此不能直接比较不同数列的偏态程度。为了使不同数列的偏态值可比,可计算偏态的相对值,即偏度(α)又称为偏态系数,就是将偏态的绝对数用其标准差除之。公式为:

$$\alpha = \frac{\bar{X} - M_0}{\sigma} = \frac{3(\bar{X} - M_e)}{\sigma}$$

偏度是以标准差为单位的算术平均数与众数的离差,故 α 范围在 0 与 ± 3 之间说明数据近似正态分布。α 为 0 表示标准正态分布,α 为 $+3$ 与 -3 分别表示极右偏态和极左偏态。

(二) 统计单元的确定

土壤是在其成土母质基础上发育起来的,成土母质对土壤的形成、发育及理化性质具有决定性的影响。后期自然和人为的各种因素对土壤的影响仍然是叠加在土壤母质之上的,并且与土壤母质有着一定的对应关系,所以成土母质单元是一个既包含了地学意义,又反映了自然地理、气候和人为因素的统计单元。

岩石地层的沉积环境、结构构造、矿物组成等决定土壤母质特征,进而影响土壤的性质。不同的地理环境同时也影响土壤对岩石地层及土壤母质地球化学继承性。在山区母岩的结构构造和岩石地球化学组成对成土母质及土壤的影响最大,在母岩—成土母质—土壤间存在深刻的承袭性关系;冲洪积平原为运积母质堆积区,堆积物经过不同程度的搬运,故元素地球化学专属性不明显。基于以上认识以地质图为基础,参考地形地貌、土壤类型、土地利用类型等资料,将研究区成土母质划分为六大类 10 种类型,作为背景值统计单元。

(三) 背景值和基准值计算

土壤地球化学背景值即为元素在人类活动影响较大的人为环境中的背景值,这里定义为第Ⅱ环境中样品即表层样中元素含量算术平均值 $\bar{X}_1$ 经 $\bar{X}_1 \pm 3S_1$ 反复剔除异常值后的平均值 $\bar{X}_2$。它反映元素现状实际值的特征,作为衡量今后环境质量变化的参照系。

土壤地球化学基准值是指未受人类活动影响的土壤原始沉积环境地球化学含量。在地球化学元素含量满足正态分布的情况下,统计单元的土壤地球化学基准值可以用本单元的地球化学元素背景均值表示。这里定义为第Ⅰ环境中样品即深层样中元素含量算术平均值 $\overline{X}_1$ 经 $\overline{X}_1 \pm 3S_1$ 反复剔除异常值后的平均值 $\overline{X}_2$。它反映元素本底值的特征,作为衡量区域元素变化的基准。

四、图件制作

本次编制的图件主要有基础类图件和推断解释类图件两大类。基础类图件包括地质图、土壤类型图、土地利用类型图和土壤母质分布图等,主要反映基础地质和土壤的信息,用于多目标区域地球化学调查和生态评价的各项研究。推断解释类图件主要是针对不同研究目的编制的各类图件,包括地球化学图、综合异常图、土地质量评估图、土壤碳密度分布图和土壤环境质量预警图等。

各类图件总体采用的比例尺为1∶500 000,全区性的图件采用统一的比例尺、地理底图,空间坐标采用统一的坐标系和参数。不同研究区的推断解释类图件可采用合适的比例尺和范围,另外,根据不同研究目的制作相应的插图。

(一)基础类图件

地质图、土壤类型图、土地利用类型图利用全省1∶1 000 000相应图件,采用统一的范围裁剪,放大为1∶500 000修编而成。

土壤母质图以地质图为基础,结合土壤类型、土地利用类型和自然地理景观,划分不同的土壤母质区,形成土壤母质图。

(二)地球化学图

地球化学图以图册形式出版,包括表层土壤地球化学图(54种元素与指标)、深层土壤地球化学图(54种元素与指标),采用1∶1 500 000比例尺。图件以单元素组合样数据使用GeoMIDS软件勾绘等量线成图,数据网格化表层土壤样品采用2km网格距、深层土壤样品采用4km网格距,插值计算模型为指数加权,搜索半径为表层土壤样品5km、深层土壤样品10km。

地球化学图由图名、地球化学图、图例和角图构成。图面要求简洁、美观,图面负担不宜过重。

1. 图名

图名由采样深度+采样介质+中文元素名称,英文符号+地球化学图构成。中文元素名称字体用楷体加黑20pt(6.5mm×6.5mm)。英文元素符号字体用加黑Bookman Old Style 16pt。

图名的放置位置可根据调查区的形状及图面的结构灵活掌握。

2. 地球化学图色区

为了从图面上更直观地反映异常、划分背景,元素全部采用累积频率的分级方法作图,采用0.5、1.5、4、8、15、25、40、60、75、85、92、96、98.5、99.5(%)分级间隔对应的含量作等量线勾绘(表3-1)。地球化学图由线文件和区文件共同组成,线文件颜色与区文件颜色一致。

采用累积频率分级成图时,若数据起伏变化较小,出现系统误差或台阶现象时,可适当调整或放宽累积频率间隔。

在利用累积频率分级法制作pH图时,按土壤酸碱性划分标准进行分级,各分级及配色方案见表3-2。

表 3-1 调查区地球化学图颜色分级及配色方案

	1	2	3	4	5	6	7	8	9	10	11	12	13	14	15
R	40	48	80	92	121	183	217	255	250	245	239	231	213	177	139
G	57	100	150	182	197	220	233	251	221	196	154	119	82	57	29
B	108	152	200	199	197	178	158	156	133	112	90	68	72	70	67
C	90	80	60	50	40	20	10	0	0	0	0	0	0	0	0
M	70	40	15	0	0	0	0	0	10	20	40	60	80	90	100
Y	0	0	0	15	20	30	40	40	50	60	70	80	70	60	40
K	30	15	5	3	0	0	0	0	0	0	0	5	20	40	
累积频率15级	0.5	1.5	4	8	15	25	40	60	75	85	92	96	98.5	99.5	100
大众库颜色	246	37	239	239、708	701	98	375	511	562	136	164	254	1 121	1 130	1 281

表 3-2 调查区土壤酸碱度颜色分级及配色方案

	1	2	3	4	5	6
pH	<4.5	4.5~5.5	5.5~6.5	6.5~7.5	7.5~8.5	>8.5
R	160	227	253	201	89	48
G	68	102	236	225	168	96
B	98	65	135	106	209	145
C	0	0	0	15	50	80
M	80	70	5	0	0	40
Y	20	80	50	70	0	0
K	30	0	0	0	10	20

3. 角图

角图为元素含量直方-累积频率图,包括全区数据直方图和主要地质单元数据直方-累积频率图。数据直方图作图原则规定如下。

(1)直方图组距规定为 $0.1\lg C$(10^{-6}、10^{-9}、10^{-2}),组端正负值依据实测数据的实际情况而定。部分常量元素选取算术等间隔组距。直方图颜色为 $C=0,M=0,Y=60,K=20$。

(2)直方图应标注地质代码、平均值($\bar{X}$)/(正态分布)、标准离差(S)、变异系数(CV)、统计样品数(N)。

4. 图例

色区图例主要为色阶。色区色阶的分级数值取决于地球化学色区图的分级方法,色区图例中的分级值应与地球化学成图采用的含量间隔值一致。色区色阶的起始值为调查区某元素的最小值,终止值为某元素的最大值。有效数字与分析检出限一致。色阶随图面的空间位置以竖直方向设置。

第四章 土壤地球化学特征

第一节 元素丰度特征

深层和表层土壤样原始数据的均值与全国土壤均值之比称作相对丰度（K_1）。以全区深层和表层土壤样 54 项指标的平均值 $\bar{X}_1$ 与全国土壤丰度值（鄢明才等，1997）做比较，列于表 4-1、表 4-2，图 4-1、图 4-2，同时将剔值后的均值 $\bar{X}_2$ 与全国背景值（魏复盛等，1991）列于表中以供参考。

表 4-1 表层土壤各元素含量与全国对比表

元素	均值($\bar{X}_1$)	背景均值($\bar{X}_2$)	全国土壤丰度值	全国土壤背景值	K_1
Ag	67.85	66.99	80	132	0.85
As	14.02	13.31	10	11.2	1.40
Au	1.62	1.37	1.4		1.16
B	56.61	56.21	40	47.8	1.42
Ba	508.72	507.05	500	469	1.02
Be	1.97	1.96	1.8	1.95	1.09
Bi	0.33	0.32	0.3	0.37	1.10
Br	5.42	4.72	3.5	5.4	1.55
Cd	183.14	175.50	90	97	2.03
Ce	64.64	64.75	72	68.4	0.90
Cl	482.39	127.65	68		7.09
Co	12.67	12.39	13	12.7	0.97
Cr	74.34	67.66	65	61	1.14
Cu	24.67	23.91	24	22.6	1.03
F	576.16	577.05	480	478	1.20
Ga	14.83	14.89	17	17.5	0.87
Ge	1.17	1.17	1.3	1.7	0.90
Hg	28.79	24.16	40	65	0.72
I	2.46	2.41	2.2	3.76	1.12
La	33.31	33.51	38	39.7	0.88

续表 4-1

元素	均值($\bar{X}_1$)	背景均值($\bar{X}_2$)	全国土壤丰度值	全国土壤背景值	K_1
Li	37.34	36.82	30	32.5	1.24
Mn	657.30	653.75	600	583	1.10
Mo	0.82	0.80	0.8	2	1.03
N	2 029.41	1 976.79	640		3.17
Nb	12.96	13.03	16		0.81
Ni	31.33	28.31	26	26.9	1.21
P	838.65	830.32	520		1.61
Pb	22.56	22.25	23	26	0.98
Rb	100.84	100.62	100	111	1.01
S	931.62	459.42	150		6.21
Sb	0.99	0.96	0.8	1.21	1.24
Sc	11.40	11.26	11	11.1	1.04
Se	0.19	0.18	0.2	0.29	0.95
Sn	2.97	2.94	2.5	2.6	1.19
Sr	223.23	214.55	170	167	1.31
Th	11.52	11.55	12.5	13.75	0.92
Ti	3 726.75	3 743.97	4 300		0.87
Tl	0.61	0.61	0.6	0.62	1.02
U	2.86	2.39	2.6	3.03	1.10
V	81.06	79.80	82	82.4	0.99
W	1.84	1.75	1.8	2.48	1.02
Y	22.75	22.88	23	22.9	0.99
Zn	69.96	70.06	68	74.2	1.03
Zr	209.42	210.38	250	256	0.84
Al_2O_3	12.03	12.08	12.6	6.62	0.95
CaO	6.01	5.99	3.2	1.54	1.88
K_2O	2.44	2.44	2.5	1.86	0.98
MgO	2.32	2.26	1.8	0.78	1.29
Na_2O	1.61	1.59	1.6	1.02	1.01
SiO_2	57.98	57.87	65		0.89
TFe_2O_3	4.46	4.45	3.4	2.94	1.31
TC	3.45	3.27			
Corg	2.13	1.96	0.35		6.09
pH	8.09	8.12		6.7	

含量单位：氧化物、TC、Corg 为 $\times 10^{-2}$，Ag、Au、Hg 为 $\times 10^{-9}$，其他为 $\times 10^{-6}$；K_1 值为 $\bar{X}_1$ 与全国丰度之比。

表 4-2 深层土壤各元素含量与全国对比表

元素	均值($\bar{X}_1$)	背景均值($\bar{X}_2$)	全国土壤丰度值	全国土壤背景值	K_1
Ag	63.20	61.86	80	132	0.79
As	13.71	12.29	10	11.2	1.37
Au	1.67	1.40	1.4		1.19
B	54.22	53.30	40	47.8	1.36
Ba	500.69	489.27	500	469	1.00
Be	1.96	1.95	1.8	1.95	1.09
Bi	0.32	0.30	0.3	0.37	1.07
Br	4.10	3.95	3.5	5.4	1.17
Cd	141.20	135.90	90	97	1.57
Ce	64.48	63.78	72	68.4	0.90
Cl	471.20	240.4	68		6.93
Co	13.01	12.30	13	12.7	1.00
Cr	78.43	64.79	65	61	1.21
Cu	25.27	23.43	24	22.6	1.05
F	583.85	581.83	480	478	1.22
Ga	14.73	14.75	17	17.5	0.87
Ge	1.26	1.25	1.3	1.7	0.97
Hg	21.60	17.12	40	65	0.54
I	1.91	1.88	2.2	3.76	0.87
La	33.04	32.59	38	39.7	0.87
Li	37.39	36.72	30	32.5	1.25
Mn	650.83	631.86	600	583	1.08
Mo	0.83	0.79	0.8	2	1.04
N	769.22	622.81	640		1.20
Nb	13.14	13.12	16		0.82
Ni	33.34	27.12	26	26.9	1.28
P	653.68	638.76	520		1.26
Pb	21.88	21.57	23	26	0.95
Rb	99.33	98.77	100	111	0.99
S	820.03	311.43	150		5.47
Sb	0.98	0.93	0.8	1.21	1.23
Sc	11.50	11.14	11	11.1	1.05
Se	0.16	0.14	0.2	0.29	0.80
Sn	2.99	2.94	2.5	2.6	1.20
Sr	234.25	234.74	170	167	1.38
Th	11.53	11.43	12.5	13.75	0.92
Ti	3 670.84	3 652.84	4 300		0.85

续表 4-2

元素	均值($\bar{X}_1$)	背景均值($\bar{X}_2$)	全国土壤丰度值	全国土壤背景值	K_1
Tl	0.62	0.62	0.6	0.62	1.03
U	2.51	2.43	2.6	3.03	0.97
V	81.84	78.71	82	82.4	1.00
W	1.80	1.65	1.8	2.48	1.00
Y	22.58	22.64	23	22.9	0.98
Zn	65.77	65.93	68	74.2	0.97
Zr	208.50	208.16	250	256	0.83
Al_2O_3	12.08	12.12	12.6	6.62	0.96
CaO	6.57	6.56	3.2	1.54	2.05
K_2O	2.40	2.40	2.5	1.86	0.96
MgO	2.51	2.35	1.8	0.78	1.39
Na_2O	1.71	1.69	1.6	1.02	1.07
SiO_2	58.75	58.64	65		0.90
TFe_2O_3	4.47	4.38	3.4	2.94	1.31
TC	2.11	2.02			
Corg	0.77	0.57	0.35		2.20
pH	8.35	8.37		6.7	

含量单位:氧化物、TC、Corg 为 $\times 10^{-2}$,Ag、Au、Hg 为 $10 \times^{-9}$,其他为 $\times 10^{-6}$;K_1 值为 $\bar{X}_1$ 与全国丰度之比。

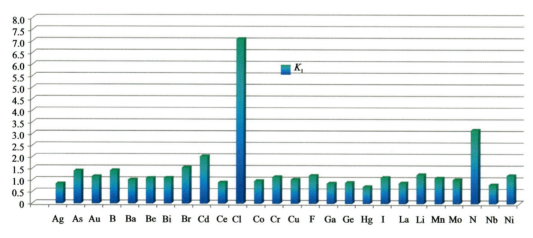

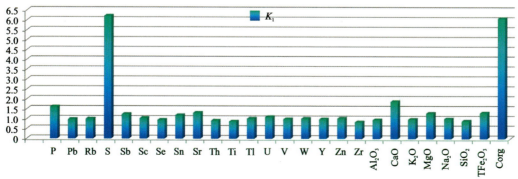

图 4-1 表层土壤相对丰度对比图

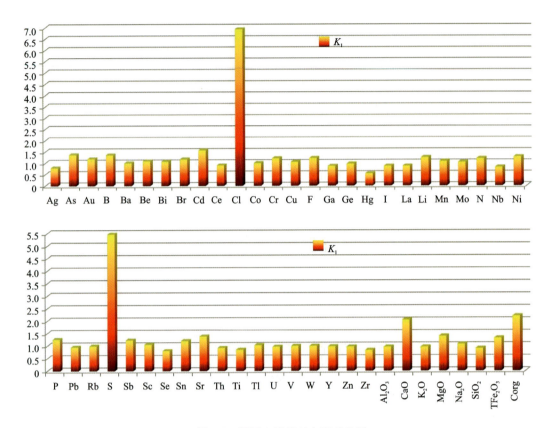

图 4-2 深层土壤相对丰度对比图

一、表层土壤元素丰度特征

第Ⅱ环境中(表层样)土壤均值与全国土壤丰度之比 K_1 值大于 1.2 的元素有 As、B、Br、Cd、Cl、F、Li、N、Ni、P、S、Sb、Sr、MgO、CaO、TFe$_2$O$_3$、Corg 共 17 项指标。其中 S、N、Cl、Corg 的 K_1 值大于 3。S 的奇高反映由研究区大规模膏盐层的发育引起,N、P、Corg 的高丰度反映在凉温-冷温条件下,有机质分解速度较慢,在土壤中有一定的累积。CaO、MgO、Sr 等元素的偏高反映本区在半干旱条件下普遍发育钙质土的基本特征,结合 Cl 元素的高含量,有可能反映该地区局部地段的盐碱化。F、B 等元素的偏高,反映半干旱碱性土壤中氟化物和硼酸盐的集结。As、Sb、Cd、Ni 等元素的偏高,是局部污染还是矿产资源的信息反映,需要根据更多资料的研究结果予以判断。B 元素的相对丰度偏高,反映半干旱偏碱性土壤中硼酸盐(主要以 Na$_3$BO$_3$ 形式)集结。

K_1 值小于 0.8 的元素有 Hg,反映研究区较为清洁的土壤环境,其余元素丰度与全国丰度相差不大。

(一)深层土壤元素丰度特征

第Ⅰ环境中(深层样)土壤均值与全国土壤丰度比值大于 1.2 的有 As、B、Cd、Cl、Cr、F、Li、N、Ni、P、S、Sb、Sn、Sr、TFe$_2$O$_3$、MgO、CaO、Corg 等,与第Ⅱ环境差别不大。值得注意的是 F 元素在深层土壤中同样偏高,这对该地区地方性氟中毒病理研究具有参考意义。As、Cd、Cr 等元素在深层土壤中的偏高,人为影响因素很小,可能是由地质背景引起的。

第Ⅰ环境中(深层样)土壤均值与全国土壤丰度比值小于 0.8 的有 Hg、Ag,其余元素丰度与全国丰度相差不大。

第二节 元素富集离散特征

区内表层和深层土壤原始数据与背景数据的变异系数(CV_1、CV_2)反映元素在地质地球化学作用过程中分散与集中的程度以及元素含量的分异强弱变化,二者的比值(CV_1/CV_2)反映了背景拟合处理时离散值的削平程度。利用元素的变异系数来讨论其富集离散特征(表4-3)。

表4-3 元素变异系数统计表

元素	表层土壤			深层土壤		
	CV_1	CV_2	CV_1/CV_2	CV_1	CV_2	CV_1/CV_2
Ag	0.28	0.19	1.47	0.25	0.18	1.39
As	0.43	0.18	2.39	0.80	0.24	3.33
Au	5.01	0.30	16.70	1.92	0.29	6.62
B	0.22	0.17	1.29	0.25	0.20	1.25
Ba	0.12	0.09	1.33	0.13	0.10	1.30
Be	0.14	0.11	1.27	0.16	0.13	1.23
Bi	0.48	0.18	2.67	0.46	0.23	2.00
Br	0.65	0.45	1.44	0.50	0.43	1.16
Cd	0.50	0.25	2.00	0.37	0.22	1.68
Ce	0.14	0.13	1.08	0.19	0.15	1.27
Cl	3.99	0.35	11.40	2.06	0.84	2.45
Co	0.25	0.18	1.39	0.35	0.21	1.67
Cr	0.58	0.17	3.41	0.86	0.18	4.78
Cu	0.31	0.19	1.63	0.42	0.22	1.91
F	0.19	0.14	1.36	0.20	0.17	1.18
Ga	0.13	0.11	1.18	0.15	0.14	1.07
Ge	0.16	0.14	1.14	0.14	0.11	1.27
Hg	2.03	0.38	5.34	3.03	0.24	12.63
I	0.43	0.4	1.08	0.42	0.40	1.05
La	0.12	0.09	1.33	0.17	0.13	1.31
Li	0.20	0.13	1.54	0.24	0.18	1.33
Mn	0.21	0.18	1.17	0.29	0.21	1.38
Mo	0.38	0.25	1.52	0.43	0.27	1.59
N	0.81	0.78	1.04	0.82	0.51	1.61
Nb	0.14	0.11	1.27	0.17	0.15	1.13
Ni	0.64	0.17	3.76	1.20	0.22	5.45
P	0.26	0.24	1.08	0.24	0.18	1.33

续表 4-3

元素	表层土壤			深层土壤		
	CV_1	CV_2	CV_1/CV_2	CV_1	CV_2	CV_1/CV_2
Pb	0.41	0.13	3.15	0.21	0.15	1.40
Rb	0.15	0.11	1.36	0.17	0.14	1.21
S	2.88	0.53	5.43	2.93	0.45	6.51
Sb	0.29	0.20	1.45	0.47	0.24	1.96
Sc	0.22	0.18	1.22	0.29	0.21	1.38
Se	0.51	0.32	1.59	0.70	0.30	2.33
Sn	0.20	0.16	1.25	0.25	0.18	1.39
Sr	0.36	0.27	1.33	0.34	0.26	1.31
Th	0.16	0.12	1.33	0.20	0.15	1.33
Ti	0.15	0.12	1.25	0.19	0.14	1.36
Tl	0.16	0.12	1.33	0.18	0.15	1.20
U	11.37	0.15	75.80	0.32	0.17	1.88
V	0.22	0.17	1.29	0.29	0.19	1.53
W	0.47	0.17	2.76	0.71	0.20	3.55
Y	0.13	0.11	1.18	0.15	0.12	1.25
Zn	0.20	0.16	1.25	0.22	0.18	1.22
Zr	0.15	0.12	1.25	0.16	0.14	1.14
SiO_2	0.07	0.06	1.17	0.08	0.07	1.14
Al_2O_3	0.09	0.09	1.00	0.11	0.10	1.10
TFe_2O_3	0.18	0.15	1.20	0.23	0.17	1.35
MgO	0.30	0.21	1.43	0.38	0.22	1.73
CaO	0.44	0.43	1.02	0.35	0.35	1.00
Na_2O	0.22	0.16	1.38	0.27	0.18	1.50
K_2O	0.11	0.09	1.22	0.12	0.11	1.09
Corg	0.91	0.84	1.08	1.06	0.66	1.61
TC	0.51	0.45	1.13	0.39	0.31	1.26

以 CV_1 为主要判别标准，CV_1/CV_2 为辅来划分元素分布类型。当 $CV_1>1$ 时，表明元素分布起伏很大；当 $0.5<CV_1<1$ 时，该元素为较大起伏类型；当 $0.2<CV_1<0.5$ 时，元素分布类型为中等起伏型，当 $CV_1<0.2$ 时，元素分布划分为均匀分布型。

一、表层土壤元素富集离散特征

(1)很大起伏型($CV_1>1$)：主要有 Au、Cl、Hg、S、U。此类元素含量变化幅度很大，高强数据很多，有大面积高强度的正负异常分布。其分布特点是总体起伏大，出现明显的局部强烈富集。S、Cl 在西宁盆地强烈富集可能与新生代盆地退缩演化及土壤盐碱化有关;Au、Hg 在拉脊山成矿带呈局部强烈富集,明显与造山成矿作用有关;U 的局部富集与古元古代深度变质岩及加里东期中酸性岩浆活动密切相关。

(2) 较大起伏型($0.5<CV_1<1$):Corg、Ni、N、Cr、TC、Br、Se 等元素属于较大起伏型,Corg、N、TC 在栗钙土中明显贫化,而在草甸土和黑钙土中明显积累富集;Cr、Ni 在缝合带中基性火山岩沉积区富集,明显与地质背景及后期造山成矿作用有关;Se 在第三纪西宁组红层和拉脊山中基性火山岩分布区集中富集;Br 的局部富集成因可能与 Cl 相似。

(3) 中等起伏型($0.2<CV_1<0.5$):此类元素有 Ag、As、B、Bi、Co、Cu、I、Mn、Mo、P、Pb、Sb、Sc、V、W、MgO、CaO、Na_2O 18 种,这些元素在分布地域上存在差别,具有分异富集趋势,在局部形成一定规模的异常,或与地质背景有关,或与后期地质改造有关。

(4) 均匀分布型($CV_1<0.2$):大部分元素属于此种类型,包括 Al_2O_3、K_2O、Ce、Ge、La、Be、Nb、Rb、Ba、Tl、Y、SiO_2、Ti、Zr、Ga、Th、Na_2O、Sn、Li、F、TFe_2O_3 21 种元素。其分布较均匀,无明显富集或贫化,主要表现为背景起伏。

二、深层土壤元素富集离散特征

(1) 很大起伏型($CV_1>1$):此类元素有 Au、Hg、Cl、S、Corg、Ni。该类元素含量变化幅度很大,高强数据很多,有大面积高强度的正负异常分布。其分布特点是总体起伏大,出现明显的局部异常。Au、Hg、Cl、S 富集规律和成因与表层土壤一致,Ni 的富集与拉脊山加里东期镍、钴、金、稀土、磷(铜、钛、铂)成矿带 Ni 系列成矿有关。

(2) 较大起伏型($0.5<CV_1<1$):As、W、N、Se、Cr 元素属于较大起伏型,具有分异富集趋势,在局部形成一定规模的异常。N 的局部富集与土壤类型和土地利用类型密切相关,As、W、Se、Cr 局部富集与地质背景有关。

(3) 中等起伏型($0.2<CV_1<0.5$):此类元素有 Ag、B、Bi、Br、Cd、Co、Cu、I、Li、Mn、Mo、Pb、P、Sb、Sc、Sn、Sr、U、V、Zn、TFe_2O_3、MgO、CaO、Na_2O、TC 25 种,这些元素在分布地域上存在差别,具有分异富集趋势,多与地质背景有关。

(4) 均匀分布型($CV_1<0.2$):大部分元素属于此种类型,包括 Ba、Be、Ce、F、Ga、Ge、La、Nb、Rb、Th、Ti、Tl、Y、Zr、SiO_2、Al_2O_3、K_2O 17 种。其分布较均匀,无明显富集或贫化,主要表现为背景起伏。

第三节 元素组合特征

元素的组合及分配规律受地质背景、成土母质、土壤类型、土地利用类型以及元素特性等多重因素影响。以聚类分析和因子分析结果梳理变量间的亲属关系,判断主要簇群和因子的地质地球化学含义,试图找出最能反映区域地球化学属性的脉络。以若干主因子计量的空间分布趋势及某属性判断描述区域地质地球化学的环境地球化学背景场特征。

一、表层土壤元素组合特征

从表层土壤样 R 型分析谱系图(图 4-3)可以将 54 项指标分为两大簇群,二者为负相关,结合因子分析结果(表 4-4),揭示其代表的地球化学意义。

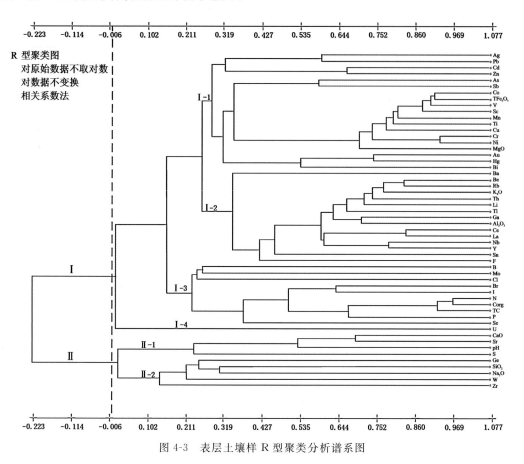

图 4-3　表层土壤样 R 型聚类分析谱系图

表 4-4　表层因子结构式一览表

因子	特征根百分比	累积百分比	主要因子结构式
F1	26.92	26.92	$\underline{Co^{+0.95}V^{+087}Sc^{+0.87}TFe^{+0.85}Ni^{+0.82}Cr^{+0.82}MgO^{+0.78}Cu^{+0.76}Mn^{+0.74}Ti^{+0.70}Zn^{+0.53}}$
F2	11.13	38.05	$\underline{Rb^{+0.91}K_2O^{+0.88}Be^{+0.87}Tl^{+0.82}Th^{+0.76}Li^{+0.76}Al_2O_3^{+0.63}Ga^{+0.61}La^{+0.59}Ce^{+0.51}Sn^{+0.51}}$
F3	8.94	46.99	$\dfrac{Tc^{+0.92}N^{+0.92}Corg^{+0.92}Br^{+0.71}I^{+0.70}P^{+0.65}}{pH^{-0.69}}$
F4	5.99	52.98	$\dfrac{CaO^{+0.82}Sr^{+0.58}}{SiO_2^{-0.84}}$
F5	4.99	57.97	$\underline{Au^{+0.93}Hg^{+0.87}Bi^{+0.65}}$
F6	3.62	61.58	$\overline{Ce^{-0.60}Nb^{-0.60}La^{-0.63}Y^{-0.71}Zr^{-0.86}}$

续表 4-4

因子	特征根百分比	累积百分比	主要因子结构式
F7	3.09	64.68	$\overline{Ag^{-0.79}Pb^{-0.87}}$
F8	2.74	67.41	$\underline{Sb^{+0.82}As^{+0.65}B^{+0.63}}$
F9	2.55	69.97	$\underline{Cl^{+0.82}Na_2O^{+0.70}}$
F10	2.34	72.31	$\overline{Ge^{-0.80}}$
F11	2.04	74.34	$\dfrac{Ba^{+0.43}}{Ni^{-0.42}Cr^{-0.43}Sn^{-0.48}}$
F12	2.02	76.36	$\overline{U^{-0.99}}$

第Ⅰ簇群可以分为4个地球化学意义明显的组,各组地球化学意义分析如下。

第Ⅰ-1组元素组合为 Co-Sc-V-TFe$_2$O$_3$-Cu-Ti-Cr-Mn-Ni-MgO,As-Sb,Ag,组合元素与F1因子主载荷元素一致,从因子计量图上(图4-4)可以看出元素沿拉脊山(疏勒南山-拉脊山早古生代缝合带)和达坂山(北祁连新元古代—早古生代缝合带)呈条带状富集,因此推断该组元素与海相火山岩建造密切相关。

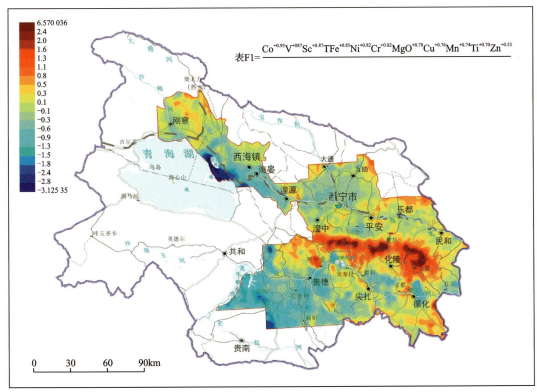

图 4-4 表层土壤 F1 因子计量图

第Ⅰ-2组元素组合为Ba,Be-Rb-K₂O-Th-Li-Tl-Ga-Al₂O₃-Ce-La-Nb-Y-Sn-F,组合元素与F2因子(图4-5)主载荷元素一致,从因子计量图判断该组元素与元古代变质基底和加里东—海西期中酸性岩浆活动密切相关。

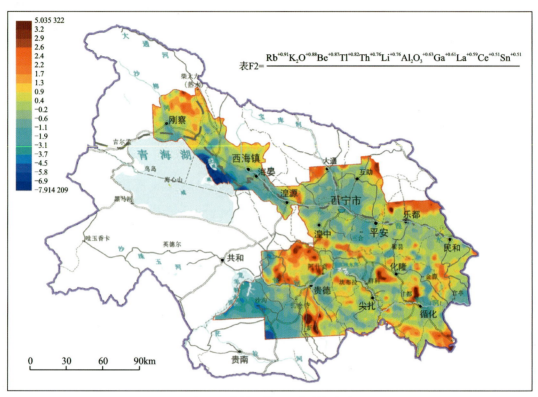

图4-5 表层土壤F2因子计量图

第Ⅰ-3组元素组合为B-Mo-Cl,Br-I-N-Corg-TC-P,Br-I-N-Corg-TC-P与F3因子(图4-6)主载荷元素相似,该组元素组合分配规律与地貌环境、土壤类型和土地利用类型密切相关。B-Mo-Cl与Br-I-N-Corg-TC-P分布规律呈现互为消长的关系。Br-I-N-Corg-TC-P在林草地、草甸土-黑钙土分布区、中高山-丘陵区呈现高含量分布,而B-Mo-Cl在农耕区、栗钙土分布区、盆地呈高含量分布。这种分布特征与不同土地利用类型及土壤中N-Corg-TC-P的积累和释放及不同地貌环境中B-Mo-Cl的淋溶迁移密切相关。

第Ⅰ-4组为单元素U,在因子分析中同样形成单因子,总体与其分散元素特性一致,局部显示与酸性花岗岩的相关性和随水流迁移的特性。

第Ⅱ簇群可以分为两个地球化学意义明显的组,各组地球化学意义分析如下。

第Ⅱ-1组元素组合为CaO-Sr-pH-S,该组元素与F4因子(图4-7)正载荷元素相近,其在西宁盆地、青海湖盆地北缘及化隆盆地呈高含量分布,其分布规律与新生代山麓河湖相含膏盐、泥灰岩杂色复陆屑建造密切相关。

第Ⅱ-2组元素组合为Ge-SiO₂-Na₂O-W-Zr,其中SiO₂、Na₂O在共和盆地和青海湖盆地北缘风沙土分布区强烈富集,可能是由风沙土中大量的石英和长石引起;Ge与硅地球化学性质相近,W、Zr在土壤中的分布也应是受土壤轻度沙化的影响。

综上所述,第Ⅰ簇群元素和第Ⅱ簇群元素在分布规律上存在明显的地域性差别,影响元素分布分配规律的因素复杂多样。

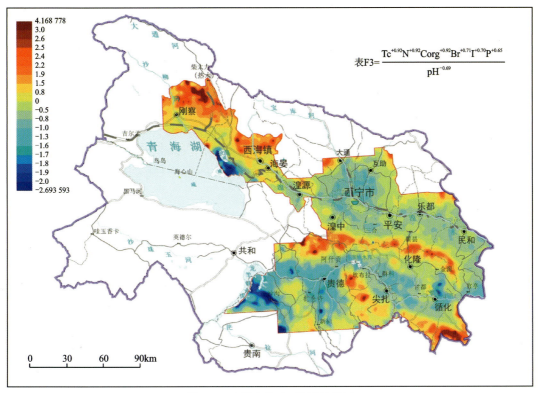

图 4-6　表层土壤 F3 因子计量图

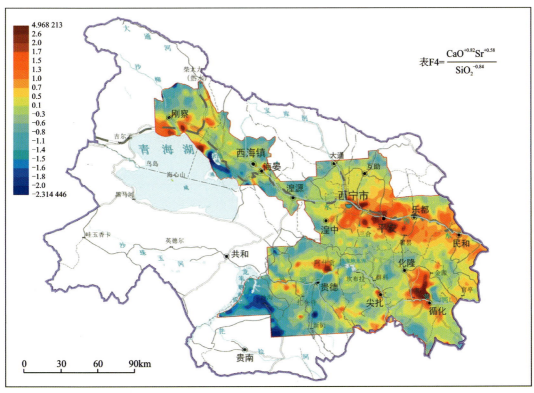

图 4-7　表层土壤 F4 因子计量图

二、深层土壤元素组合特征

深层土壤样元素组合与表层土壤有较大的差别,从深层土壤样 R 型分析谱系图(图 4-8)可以将 54 项指标分为三大簇群,三者为负相关,结合因子分析结果(表 4-5),揭示其代表的地球化学意义。

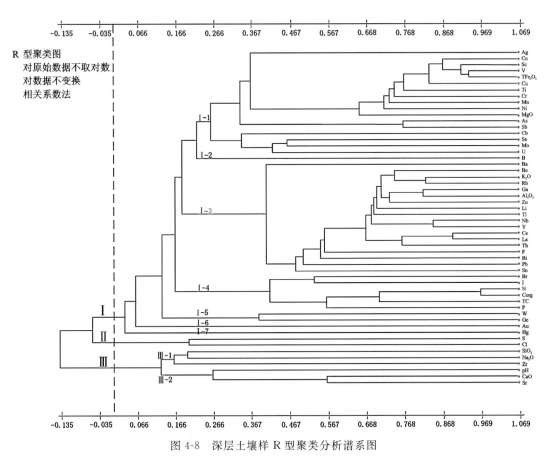

图 4-8 深层土壤样 R 型聚类分析谱系图

表 4-5 深层因子结构式一览表

因子	特征根百分比	累积百分比	主要因子结构式
F1	27.35	27.35	$Rb^{+0.89} K_2O^{+0.87} Tl^{+0.84} Be^{+0.82} Th^{+0.81} La^{+0.72} Ce^{+0.71} Li^{+0.69} Ga^{+0.61} F^{+0.58} Al_2O_3^{+0.58} Y^{+0.55} Nb^{+0.54}$
F2	12.56	39.91	$MgO^{-0.55} Ga^{-0.58} Cr^{-0.61} P^{-0.61} Al_2O_3^{-0.64} Zn^{-0.69} Mn^{-0.80} Ti^{-0.83} Cu^{-0.86} Co^{-0.90} Sc^{-0.92} TFe^{-0.94} V^{-0.95}$
F3	7.61	47.52	$\dfrac{SiO_2^{+0.85}}{Sr^{-0.54} CaO^{-0.87}}$
F4	6.34	53.86	$\dfrac{Corg^{+0.89} N^{+0.89} TC^{+0.79}}{pH^{-0.54}}$
F5	4.43	58.28	$B^{-0.53} As^{-0.72} Sb^{-0.84}$
F6	3.01	61.29	$Na_2O^{+0.79} Cl^{+0.65}$

续表 4-5

因子	特征根百分比	累积百分比	主要因子结构式
F7	2.89	64.19	$\overline{Se^{+0.76} Mo^{+0.73} U^{+0.66}}$
F8	2.62	66.80	$\overline{Zr^{+0.86} Y^{+0.60} Nb^{+0.55}}$
F9	2.39	69.20	$\overline{MgO^{-0.52} Cr^{-0.62} Ni^{-0.71}}$
F10	2.12	71.31	$\overline{Bi^{+0.67} Cd^{+0.66} Pb^{+0.60}}$
F11	1.92	73.24	$\overline{Hg^{+0.98}}$
F12	1.81	75.05	$\overline{W^{+0.83} Ge^{+0.56}}$
F13	1.74	76.79	$\overline{I^{-0.71} Br^{-0.80}}$
F14	1.66	78.45	$\overline{Sr^{-0.56} S^{-0.80}}$
F15	1.57	80.02	$\overline{Au^{-0.85}}$

第 Ⅰ 簇群囊括了 46 项指标，其中第 Ⅰ-3 组群最为庞大，元素组合与 F1 因子相对应，其方法贡献比达 27.35%。现将各组元素组合特征分述如下。

第 Ⅰ-3 组元素组合为 Ba、Be-K_2O-Rb-Ga-Al_2O_3-Zn-Li-Tl-Nb-Y-Ce-La-Th-F-Bi-Pb-Sn-Br，与 F1 因子载荷元素一致。从因子计量图（图 4-9）判断元素分布规律与元古代变质基底和加里东—海西期中酸性岩浆活动密切相关。其因子方差贡献比较表层土壤样增大可能因为成土母岩-成土母质-土壤转化效率相对更高，土壤对成土母岩地球化学特征的承袭性更强。

第 Ⅰ-1 组元素组合为 Ag，Co-Sc-V-TFe_2O_3-Cu-Ti-Cr-Mn-Ni-MgO，与 F2 因子（图 4-10）负载荷元素一致，其元素分布规律与表层土壤样一致，代表了以中基性火山岩风化物为成土母质的土壤地球化学特征。

第 Ⅰ-2 组元素为单元素 B，元素在黄河谷地和湟水谷地呈高背景分布，并在局部呈串珠状富集，其成因可能为半干旱偏碱性土壤中硼酸盐（主要以 Na_3BO_3 形式）的集结引起。

第 Ⅰ-4 组元素为 Br-I，N-Corg-TC-P，与 F4 因子（图 4-11）载荷元素一致。其分布规律和影响因素与表层土壤样一致，相对表层土壤样各土壤类型之间的差别相对较小，但林地（青海云杉林）中此类元素的积累相对其他地区明显较高。

第 Ⅰ-5 组元素为 Ge-W，与 F12 因子（图 4-12）载荷元素一致，从因子计量图分析在拉脊山以南地区高背景分布，并在贵德盆地局部强烈富集，推断可能与该地区温泉水或地下水有关，此推断有待验证。

第 Ⅰ-6 组和第 Ⅰ-7 组元素分别为 Au 和 Hg，二者具有相似的分布规律，均沿区域构造带呈高背景分布或富集。

第 Ⅱ 簇群为 S-Cl，元素在青海湖盆地和西宁盆地呈富集趋势，其成因为湖盆退缩阶段，咸水沉积，膏盐堆积。

第 Ⅲ 簇群为 SiO_2-Na_2O-Zr，pH-CaO-Sr，反映了 F3 因子的正载荷因子和负载荷因子。从因子计量图分析（图 4-13），两种组合所代表的成土地球化学意义明显。SiO_2-Na_2O-Zr 组合代表了以风成沙和中酸性岩风化物为成土母质的土壤地球化学特征，pH-CaO-Sr 组合代表了新生代山麓河湖相含膏盐、泥灰岩杂色复陆屑建造岩石风化物为成土母质的土壤地球化学特征。

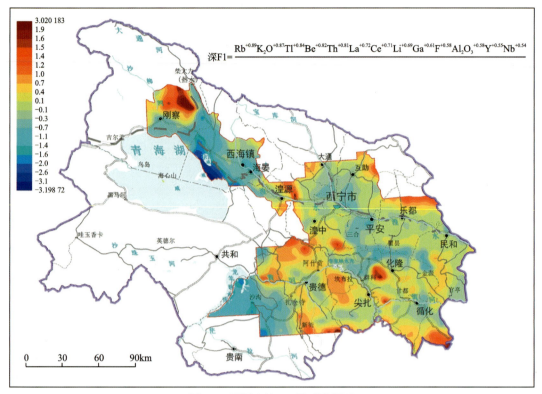

图 4-9　深层土壤 F1 因子计量图

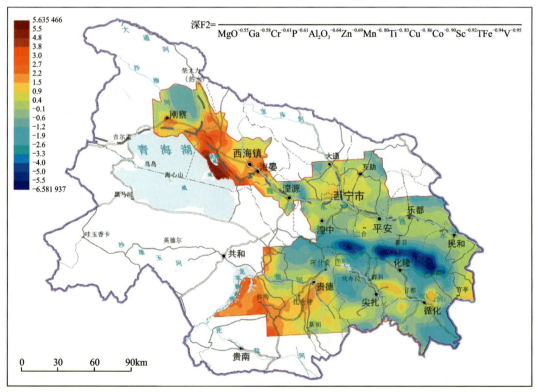

图 4-10　深层土壤 F2 因子计量图

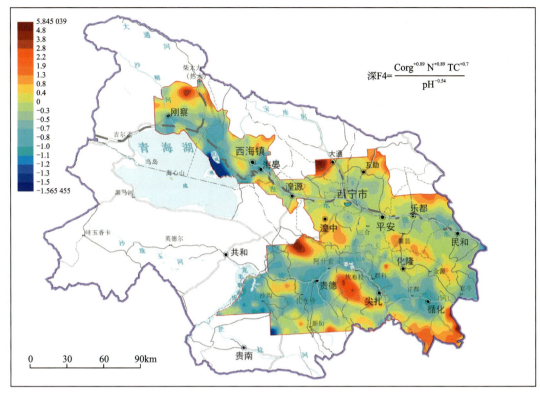

图 4-11　深层土壤 F4 因子计量图

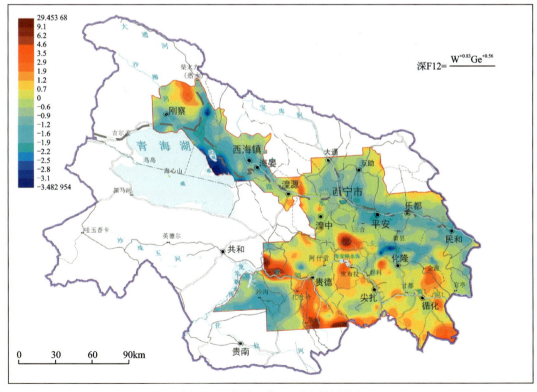

图 4-12　深层土壤 F12 因子计量图

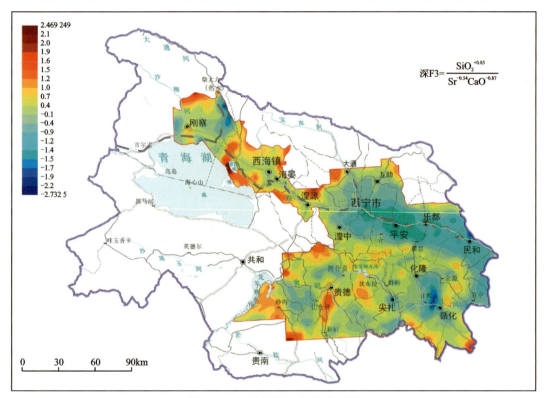

图 4-13 深层土壤 F3 因子计量图

第四节 不同母质土壤中元素地球化学特征

一、不同母质表层土壤中元素地球化学特征

将不同母质表层土壤中元素含量平均值统计列于表 4-6 中，将不同母质表层土壤中元素含量相对全区含量变化曲线图示于图 4-14，从图表中可以看出以下内容。

以第四纪冲洪积物为母质的表层土壤中 Au、Cd、Hg、S 平均含量略低于全区平均含量，Corg、N 含量稍高于全区平均含量。

以冲洪积物+次生黄土为母质的表层土壤中 Corg、N、Cl、Br 含量较全区偏低，而 S、CaO、Hg 含量明显偏高，S 尤为明显。

以风积物为母质的表层土壤中 SiO_2、Na_2O 含量较全区明显偏高，Ba、Sr、Ge 含量与全区相当，其余元素含量均明显偏低。

以湖积物+沼泽堆积物为母质的表层土壤中除 SiO_2、Na_2O、CaO、Br、Zr、Ge 含量与全区相当外，其余元素含量较全区均明显偏低。

以红色碎屑岩风化物为母质的表层土壤中 Cl 含量奇高，Au、As、Sb、Bi 含量较全区偏高，而 Corg、TC、N 含量较全区偏低。

以红色碎屑岩风化物+黄土为母质的表层土壤 S 含量奇高，CaO、Sr、F 含量较全区偏高，Corg、N 含量较全区偏低。以碎屑岩风化物为母质的表层土壤中 Corg、TC、N、Au、As、Sb、Bi 含量较全区稍高。

表 4-6 不同母质表层土壤中元素含量平均值统计表

元素	母质									全区
	第四纪冲洪积物	冲洪积物+次生黄土	风积物	湖积物+沼泽堆积物	红色碎屑岩风化物	红色碎屑岩+黄土	碎屑岩风化物	中基性火山岩风化物	变质岩风化物	侵入岩风化物	
Ag	67.89	63.75	44.17	52.95	67.22	61.29	71.94	82.61	70.2	73.9	67.85
As	13.52	12.37	5.21	11.93	15.54	12.67	14.76	20.42	12.76	14.27	14.02
Au	1.29	1.57	0.71	1.06	1.74	1.44	1.6	4.87	1.36	1.33	1.62
B	58.43	53.16	26.54	47.07	61.84	53.96	57.79	50.87	55.29	57.36	56.61
Ba	493.52	507.9	449.07	418.72	509.12	492.13	516.79	547.48	534.27	530.74	508.72
Be	1.91	1.99	1.16	1.54	2.03	1.95	1.97	1.99	2.02	2.12	1.97
Bi	0.32	0.33	0.12	0.21	0.37	0.31	0.34	0.36	0.32	0.38	0.33
Br	7.36	3.84	1.69	5.05	4.28	4.17	5.68	5.74	6.05	7.08	5.42
Cd	159.7	199	78.24	104.89	162.54	197.15	195.84	251.58	192.46	198.36	183.14
Ce	64.17	65.29	38.01	51.75	62.43	63.69	64.98	63.36	69.83	71.79	64.64
Cl	335.57	280.62	122.65	399.1	1 115.62	490.04	309.19	126.30	318.69	268.62	482.39
Co	11.33	12.42	4.48	8.43	12.62	12.56	12.85	19.96	13.23	13.13	12.67
Cr	64.35	70.48	35.02	50.5	72.65	72.05	69.85	176.56	74.12	72.78	74.33
Cu	21.58	25	8.62	15.42	25.27	25.17	24.87	38.73	24.85	24.51	24.67
F	530.05	604.66	277.86	424.7	593.22	617.31	564.27	582.03	597.77	587.18	576.16
Ga	14.29	14.67	9.14	12.27	15.3	14.61	14.99	15.86	15.11	15.57	14.83
Ge	1.21	1.18	1.11	1.17	1.21	1.16	1.09	1.03	1.2	1.18	1.17
Hg	23.58	39.12	11.35	19.36	23.15	28.41	31.04	53.08	30.15	28.61	28.79
I	2.7	2.42	0.6	1.34	2	2.55	2.36	2.75	2.8	3.04	2.46
样品数	1 093/6 438	516/6 438	58/6 438	124/6 438	1 220/6 438	974/6 438	998/6 438	271/6 438	764/6 438	420/6 438	6 438

续表 4-6

元素	第四纪冲洪积物	冲洪积物+次生黄土	风积物	湖积物+沼泽堆积物	红色碎屑岩风化物	红色碎屑岩风化物+黄土	碎屑岩风化物	中基性火山岩风化物	变质岩风化物	侵入岩风化物	全区
La	32.19	34.32	18.97	26.57	33.11	33.68	33.59	32.62	34.88	35.6	33.31
Li	34.71	37.16	16.12	26.8	41.35	37.8	37.4	36.86	36.75	38.97	37.34
Mn	623.18	631.34	282.7	451.92	660.29	627.47	671.33	872.12	695.24	709.82	657.3
Mo	0.73	0.93	0.38	0.46	0.77	0.94	0.8	0.93	0.87	0.9	0.82
N	2 348.96	1 002.25	417.05	1 147.4	1 344.46	865.24	2 899.64	3 550.13	2 679.81	3 400.07	2 029.41
Nb	12.56	13.57	7.51	10.46	12.83	13.32	12.51	13.33	13.6	13.96	12.96
Ni	26.35	28.92	9.36	18.68	32.18	29.91	29.65	79.50	30.39	29.51	31.33
P	828.43	852.11	343.49	599.87	754.85	756.4	900.4	1 055.64	917.04	992.45	838.65
Pb	21.18	23.33	14.32	16.85	22.92	22.31	24.1	22.87	22.91	23.05	22.56
Rb	97.38	99.08	60.77	76.86	106.27	97.96	103.09	98.18	103.93	106.27	100.84
S	582.17	1 139.93	150.83	490.57	798.29	2 098.21	674.51	694.32	680.75	725.53	931.62
Sb	1	0.9	0.47	0.89	1.12	0.91	1.06	1.09	0.88	0.93	0.99
Sc	10.03	11.84	4.52	7.28	11.07	12.02	11.55	16.30	11.92	11.68	11.4
Se	0.18	0.19	0.06	0.13	0.16	0.19	0.19	0.26	0.21	0.22	0.19
Sn	2.97	3.03	2.08	2.57	3.05	2.96	2.94	2.90	2.96	3.12	2.97
Sr	198.98	249.73	195.37	213.53	245.07	284.2	203.24	165.09	197.21	188.03	223.23
Th	11.15	11.46	5.18	8.81	12.01	11.26	11.55	11.21	12.09	12.49	11.52
Ti	3 550.26	3 697.88	1 703.96	2 816.87	3 660.32	3 643.48	3 829.79	4 541.42	3 936.98	4 002.67	3 726.75
Tl	0.6	0.62	0.43	0.48	0.63	0.61	0.61	0.58	0.64	0.64	0.61
样品数	1 093/6 438	516/6 438	58/6 438	124/6 438	1 220/6 438	974/6 438	998/6 438	271/6 438	764/6 438	420/6 438	6 438

续表 4-6

元素	第四纪冲洪积物	冲洪积物+次生黄土	风积物	湖积物+沼泽堆积物	红色碎屑岩风化物	红色碎屑岩风化物+黄土	碎屑岩风化物	中基性火山岩风化物	变质岩风化物	侵入岩风化物	全区
U	2.3	2.47	1.2	1.89	2.55	2.47	2.39	2.49	5.99	2.73	2.86
V	72.77	78.23	28.98	54.66	83.87	78.94	83.47	117.70	83.8	83.55	81.06
W	1.78	1.68	0.75	1.42	1.99	1.62	2.01	1.91	1.82	2.13	1.84
Y	22.5	23.53	12.97	18.68	22.46	22.95	22.34	21.87	23.93	24.81	22.75
Zn	65.76	69.37	26.71	49.09	69.83	67.8	73.66	85.12	72.86	75.24	69.96
Zr	214.66	215.41	114.96	216.3	206.85	208.04	211.28	185.30	210.4	219.54	209.42
SiO_2	59.35	56.66	70.37	63.75	57.92	55.27	58.4	57.29	58.09	58.37	57.98
Al_2O_3	11.72	11.68	8.29	10.35	12.39	11.5	12.47	13.07	12.2	12.45	12.03
TFe_2O_3	4.14	4.44	1.81	3.28	4.39	4.43	4.5	5.91	4.71	4.77	4.46
MgO	2.01	2.58	0.89	1.61	2.36	2.71	2.11	3.38	2.25	2.11	2.32
CaO	5.28	8.18	5.23	5.56	6.27	8.88	4.78	3.40	5.19	4.23	6.01
Na_2O	1.7	1.41	1.95	1.91	1.7	1.45	1.59	1.55	1.57	1.67	1.61
K_2O	2.36	2.47	1.71	2.02	2.53	2.43	2.49	2.42	2.46	2.45	2.44
Corg	2.39	1.06	0.33	1.12	1.27	0.82	3.14	3.96	2.92	3.84	2.13
TC	3.55	2.86	1.3	2.26	2.5	2.73	4.28	4.81	4.14	4.87	3.45
pH	8.14	8.25	8.78	8.48	8.24	8.28	7.94	7.58	7.88	7.68	8.09
样品数	1 093/6 438	516/6 438	58/6 438	124/6 438	1 220/6 438	974/6 438	998/6 438	271/6 438	764/6 438	420/6 438	6 438

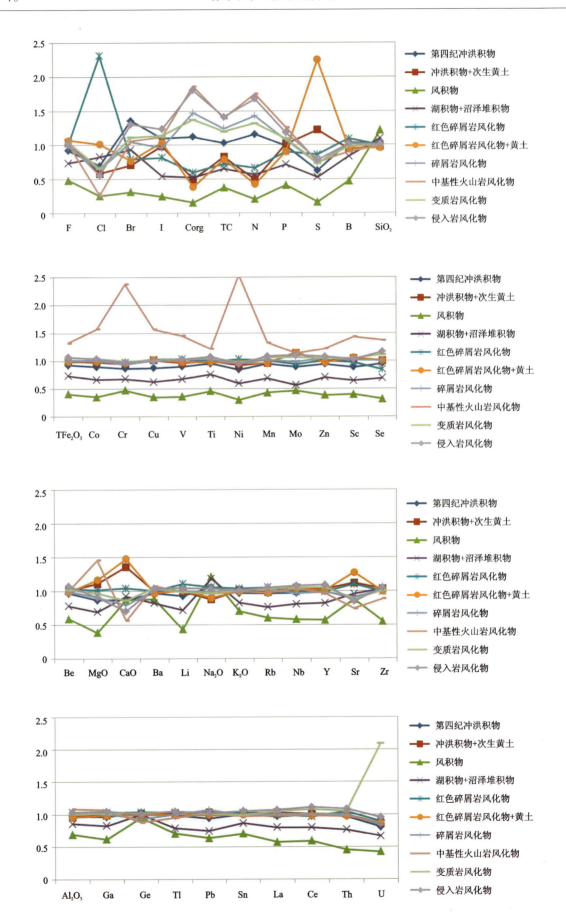

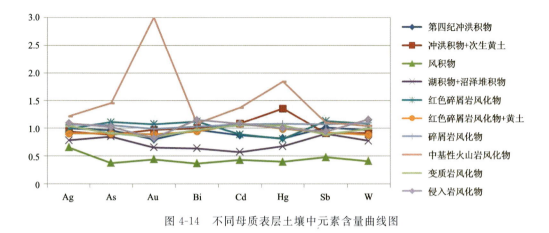

图 4-14 不同母质表层土壤中元素含量曲线图

以中基性火山岩风化物为母质的土壤中 Ag、As、Au、Ba、Cd、Co、Cr、Cu、Ga、Hg、Mn、N、Ni、P、Sc、Se、Ti、V、Zn、Al_2O_3、TFe_2O_3、MgO、Corg 含量较全区偏高。以变质岩风化物为母质的土壤中 Tl 含量平均值较全区稍高,U 含量平均值明显高于全区含量。以侵入岩风化物为母质的土壤中 Bi、Ce、I、La、Nb、Rb、Sn、Th、Tl、W、Y、Zr、TC 含量较全区偏高。

二、不同母质深层土壤中元素地球化学特征

将不同母质表层土壤中元素含量平均值统计列于表 4-7 中,将不同母质表层土壤中元素含量相对全区含量变化曲线图示于图 4-15,从图表中可以看出如下内容。

以第四纪冲洪积物为母质的深层土壤中 Au、As、Cd、Hg、S、Corg、TC、N、P、TFe_2O_3、Cu、Cr、Co、V、Ti、Ni、Mn、Zn、Sc、Se 等平均含量略低于全区平均含量。以冲洪积物+次生黄土为母质的深层土壤中 Corg、N、Cl 含量较全区偏低,而 S、CaO、Sr、Hg、TC 含量明显偏高,S 尤为明显。以风积物为母质的深层土壤中 SiO_2、Na_2O 含量较全区明显偏高,Ba、Sr、Ge 含量与全区相当,其余元素含量均明显偏低。以湖积物+沼泽堆积物为母质的深层土壤中除 SiO_2、Na_2O、Cl、Sr、Zr、Ge 含量与全区相当外,其余元素含量较全区均明显偏低。以红色碎屑岩风化物为母质的深层土壤中 Cl 含量奇高,Au、As、Sb、Bi 含量较全区偏高,而 Corg、TC、N 含量较全区偏低。以红色碎屑岩风化物+黄土为母质的深层土壤中 S 含量奇高,CaO、MgO、Sr、F、Cl、I、Mo、Se 含量较全区偏高,Corg、N 含量较全区偏低。

以碎屑岩风化物为母质的深层土壤中 Corg、N、Hg 含量较全区稍高,Cl、S 含量较全区明显偏低。以中基性火山岩风化物为母质的深层土壤中 Corg、N、P、MgO、TFe_2O_3、Cu、Cr、Co、V、Ti、Ni、Mn、Zn、Sc、Se 含量较全区偏高,Cl、S、CaO 含量较全区偏低。以变质岩风化物为母质的深层土壤中 Corg、N、La、Ce、Th 含量较全区稍高,CaO、Sr 含量较全区偏低。以侵入岩风化物为母质的深层土壤中 Corg、N、Tl、Sn、La、Ce、Th、U、Bi、W、Be、Rb、Nb、Y 含量较全区偏高,Cl、S、MgO、CaO、Sr 含量较全区偏低。

表 4-7 不同母质深层土壤中元素含量平均值统计表

元素	第四纪冲洪积物	冲洪积物+次生黄土	风积物	湖积物+沼泽堆积物	红色碎屑岩风化物	红色碎屑岩风化物+黄土	碎屑岩风化物	中基性火山岩风化物	变质岩风化物	侵入岩风化物	全区
Ag	57.62	59.79	45.71	52.32	66.91	58.13	67.12	78.20	62.15	69.85	63.2
As	10.8	12.41	5.26	9.51	15.38	12.65	15.42	26.76	11.91	13.04	13.71
Au	1.27	1.5	0.54	1.15	1.81	1.51	1.55	5.08	1.59	1.37	1.67
B	49.9	54.76	26.59	44.23	61.73	56.29	55.31	49.47	52.18	50.2	54.22
Ba	483.34	491.34	445.65	415.5	506.17	486.41	514.89	483.30	526.1	529.02	500.69
Be	1.78	1.96	1.17	1.54	2	1.94	2.04	1.93	2.04	2.26	1.96
Bi	0.28	0.3	0.14	0.2	0.35	0.3	0.35	0.28	0.31	0.39	0.32
Br	3.93	3.94	1.35	3.5	3.99	3.8	4.53	4.08	4.38	4.58	4.1
Cd	114.88	153.67	72.72	93.74	136.39	158.09	142.87	164.28	149.54	156.43	141.2
Ce	60.05	64.76	39.2	49.51	61.98	62.21	66.57	59.79	72.57	77.55	64.48
Cl	421.75	412.31	142.64	399.14	860.81	643.16	333.77	112.19	266.6	258.64	471.2
Co	10.01	12.51	4.57	8.26	13.39	12.72	13.49	24.79	13.34	13.54	13.01
Cr	56.03	69.56	35.57	48.5	85.02	71.09	71.74	249.78	73.45	69.88	78.43
Cu	19.41	24.47	9.02	15.29	26.67	24.91	26.37	49.65	24.65	25.11	25.27
F	509.65	625.43	290.24	426.71	586.53	634.26	589.93	556.76	611.14	641.24	583.85
Ga	13.27	14.43	8.82	11.9	15.3	14.39	15.4	16.42	15.19	15.86	14.73
Ge	1.25	1.17	1.11	1.25	1.32	1.17	1.28	1.33	1.27	1.29	1.26
Hg	17.04	23.87	12.65	18.07	18.63	20.09	28.89	36.94	19.33	19.65	21.61
I	1.62	2.25	0.56	1.24	1.68	2.3	1.9	1.97	2.08	2.11	1.91
样品数	281/1 686	127/1 686	17/1 686	28/1 686	305/1 686	247/1 686	287/1 686	72/1 686	213/1 686	107/1 686	1 686

续表 4-7

元素	第四纪冲洪积物	冲洪积物+次生黄土	风积物	湖积物+沼泽堆积物	母质 红色碎屑岩风化物	红色碎屑岩风化物+黄土	碎屑岩风化物	中基性火山岩风化物	变质岩风化物	侵入岩风化物	全区
La	30.56	32.86	20.36	26.25	32.52	32.27	34.55	29.63	35.86	39.49	33.04
Li	32.62	36.31	16.29	27.17	42.19	37.16	39.25	33.84	37	42.3	37.39
Mn	543.52	620.15	278.61	421.29	679.05	621.57	677.81	987.48	672.55	726.93	650.83
Mo	0.7	0.92	0.38	0.51	0.79	0.97	0.81	0.91	0.88	0.91	0.83
N	536.39	649.4	270.56	511.3	588.34	580.05	1 048.04	1 186.23	935.75	1 254.1	769.22
Nb	11.79	13.81	7.89	10.49	12.76	13.83	13.16	13.48	13.98	15.03	13.14
Ni	22.13	28.25	9.02	17.86	38.84	29.24	30.17	110.73	31.4	29.27	33.34
P	549.2	691.1	307.61	500.41	646.8	652.34	681.53	808.23	687.56	752.06	653.68
Pb	20.27	21.44	14.39	16.97	22.94	21.67	23.54	20.54	21.77	23.2	21.88
Rb	92.24	99.23	60.64	77.61	102.02	99.95	102.62	86.19	104.38	111.07	99.33
S	434.21	1 235.43	138.28	379.4	867.14	2 154.25	463.06	270.82	428.72	465.94	820.03
Sb	0.9	0.9	0.45	0.86	1.12	0.91	1.08	1.42	0.84	0.93	0.98
Sc	8.92	11.81	4.52	7.11	11.38	12.07	11.88	19.37	11.91	11.96	11.5
Se	0.14	0.15	0.06	0.13	0.15	0.17	0.16	0.21	0.18	0.2	0.16
Sn	2.76	3.13	2.19	2.34	3.09	3.04	2.99	2.78	2.99	3.51	2.99
Sr	230.99	259.35	198.78	228.85	265.57	294.23	232.87	182.75	212.92	215.89	243.25
Th	10.55	11.31	5.41	8.83	11.95	11.25	11.94	9.89	12.43	13.84	11.53
Ti	3 185.38	3 652.81	1 733.63	2 735.91	3 711.64	3 604.35	3 814.04	4 720.35	3 907.31	3 976.08	3 670.84
Tl	0.59	0.63	0.43	0.49	0.63	0.61	0.64	0.53	0.67	0.71	0.62
样品数	281/1 686	127/1 686	17/1 686	28/1 686	305/1 686	247/1 686	287/1 686	72/1 686	213/1 686	107/1 686	1 686

续表 4-7

元素	第四纪冲洪积物	冲洪积物+次生黄土	风积物	湖积物+沼泽堆积物	红色碎屑岩风化物	红色碎屑岩风化物+黄土	碎屑岩风化物	中基性火山岩风化物	变质岩风化物	侵入岩风化物	全区
U	2.31	2.49	1.34	1.94	2.67	2.57	2.44	2.24	2.66	2.87	2.51
V	66	77.68	28.94	52.89	86.94	78.49	85.98	135.10	84.61	84.1	81.84
W	1.54	1.67	0.77	1.33	2	1.65	1.89	1.80	1.77	2.52	1.8
Y	20.54	23.46	13.14	18.06	22.03	23.25	23.2	22.87	23.89	25.21	22.58
Zn	54.77	66.09	25.38	47.15	68.26	66.52	69.48	78.70	68.64	72.08	65.77
Zr	204.1	211.53	133.2	199.66	200.15	207.38	218.12	181.83	217.66	231.5	208.5
SiO_2	61.01	56.56	70.48	63.32	57.9	55.78	58.84	58.27	59.6	60.03	58.75
Al_2O_3	11.26	11.65	8.32	10.52	12.45	11.63	12.77	13.32	12.22	12.73	12.08
TFe_2O_3	3.73	4.38	1.82	3.19	4.55	4.38	4.62	6.66	4.7	4.81	4.47
MgO	2.24	2.59	0.94	1.64	2.54	2.73	2.37	4.31	2.45	2.31	2.51
CaO	6.28	8.38	5.38	5.8	6.63	8.7	5.95	4.27	5.91	5.06	6.57
Na_2O	1.79	1.48	1.94	1.94	1.8	1.56	1.68	1.63	1.68	1.91	1.71
K_2O	2.27	2.41	1.73	2.05	2.47	2.4	2.49	2.23	2.43	2.5	2.4
Corg	0.47	0.63	0.11	0.41	0.52	0.49	1.1	1.40	1.02	1.43	0.77
TC	1.81	2.44	1.2	1.56	1.77	2.39	2.31	2.10	2.21	2.38	2.11
pH	8.65	8.3	9.12	8.69	8.29	8.35	8.29	8.09	8.27	8.14	8.35
样品数	281/1 686	127/1 686	17/1 686	28/1 686	305/1 686	247/1 686	287/1 686	72/1 686	213/1 686	107/1 686	1 686

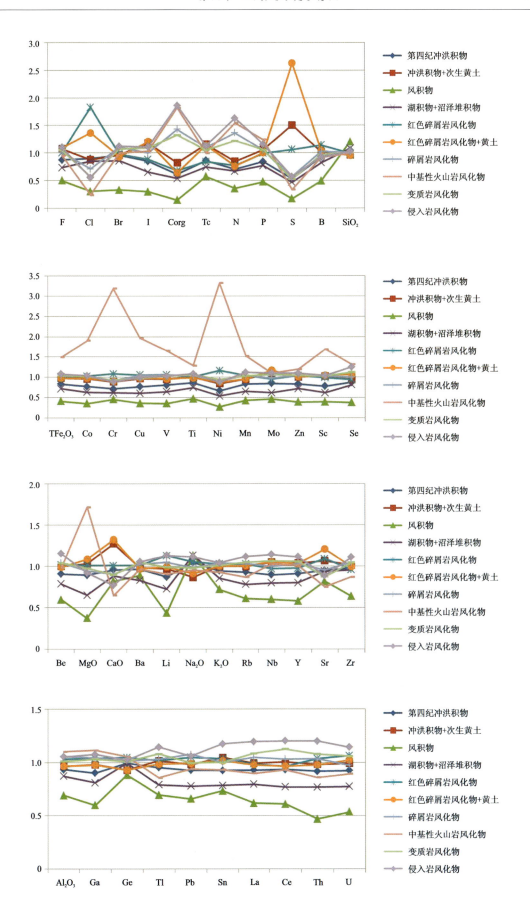

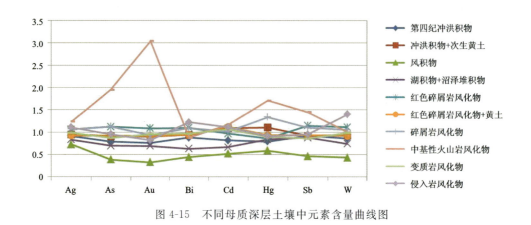

图 4-15　不同母质深层土壤中元素含量曲线图

第五节　不同类型土壤中元素地球化学特征

一、不同类型表层土壤中元素地球化学特征

将不同类型表层土壤中元素含量平均值统计列于表 4-8 中，将不同类型表层土壤中元素含量相对全区含量变化曲线图示于图 4-16，从图表中可以看出如下内容。

高山寒漠土中 Corg、TC、N、P、Co、Cu、V、Mn、Zn、Sc 含量明显高于全区含量，Cl、S、CaO、Sr、Ge、Au、Sb 含量较全区偏低。

高山草甸土中 Corg、TC、N、Au、Hg 含量较全区明显偏高，TFe_2O_3、Co、Cr、Cu、V、Ti、Ni、Mn、Mo、Zn 含量较其他土壤偏高，Cl、S、CaO、Sr 含量较全区明显偏低。

高山草原土中 Corg、TC、N 含量较全区明显偏高，Cl、S、CaO、Sr、MgO、U 含量较全区明显偏低，TFe_2O_3、Co、Cr、Cu、V、Ti、Ni、Mn、Mo、Zn、Tl、Pb、Sn、Au、As、Bi、Cd、Hg 含量较全区稍低。

山地草甸土中 Corg、TC、N、As、Cr、Ni、W 含量较全区偏高，Cl、S、CaO、Sr 含量较全区偏低；灰褐土中 Corg、TC、N 含量较全区偏高，Cl、S、CaO、Sr 含量较全区偏低。

黑钙土中 TFe_2O_3、Co、Cr、Cu、V、Ti、Ni、Mn、Mo、Zn 含量稍高于全区，其他元素含量与全区相当。

栗钙土中 Cl、S、CaO、Sr、U 含量较全区偏高，Corg、TC、N 含量明显偏低，Co、Cr、Cu、V、Ti、Ni、Mn、Mo、Zn 等元素含量稍低于全区含量。

灰钙土中 Cl、S、Sr、MgO 及 CaO 含量明显高于全区含量，Corg、TC、N 含量较全区偏低。

灌淤土中 Corg、TC、N、B、Li、Sr、Au、Bi、Sb 含量较全区偏高，Cl、S、Co、Cr、Cu、V、Ti、Ni、Mn、Mo、Zn 等元素含量较全区偏低。

沼泽土中 Br、I、Se、Corg、TC、N、P、S 含量高于全区含量，Cl、Ni、Sc、CaO、Sr、Au 含量较全区偏低。

表 4-8 不同类型表层土壤中元素含量平均值统计表

元素	高山寒漠土	高山草甸土	高山草原土	山地草甸土	灰褐土	黑钙土	栗钙土	灰钙土	灌淤土	沼泽土	潮土	风沙土	全区
Ag	73.15	73.85	64.61	72.76	77.65	69.75	64.89	66.45	69.69	74.53	53.33	45.18	67.85
As	13.85	15.50	12.37	16.36	15.25	14.99	13.16	13.03	14.56	15.17	11.03	6.19	14.02
Au	1.30	2.87	1.25	1.64	1.73	1.62	1.48	1.59	2.00	1.07	1.76	0.78	1.62
B	54.54	56.44	55.96	57.19	54.15	56.63	57.29	54.94	64.88	59.23	52.92	29.06	56.61
Ba	549.74	525.81	485.03	519.82	541.20	522.30	502.15	486.47	502.17	540.60	542.33	446.18	508.72
Be	2.07	2.04	1.85	2.01	2.08	2.06	1.95	1.93	2.09	1.97	1.98	1.23	1.97
Bi	0.34	0.35	0.28	0.36	0.35	0.35	0.33	0.35	0.46	0.31	0.36	0.13	0.33
Br	6.66	6.50	6.22	6.02	5.39	4.58	5.49	3.33	2.24	10.43	3.81	1.77	5.42
Cd	201.77	185.41	149.88	204.75	219.05	186.48	180.42	194.12	160.31	184.04	192.50	80.52	183.14
Ce	66.85	66.55	63.30	64.71	67.96	65.99	64.36	65.52	60.71	69.35	58.08	38.98	64.64
Cl	187.37	403.15	195.61	392.69	197.33	460.56	594.20	691.62	551.83	297.00	247.00	88.02	482.39
Co	15.14	13.31	11.05	14.37	14.71	13.65	12.09	12.51	11.28	12.41	11.77	4.94	12.67
Cr	73.83	78.16	61.86	94.09	84.00	78.75	69.35	74.00	60.48	71.65	59.93	35.70	74.33
Cu	28.80	25.29	20.30	27.33	28.47	26.59	23.88	25.92	23.30	22.86	25.05	9.45	24.67
F	560.74	550.60	496.03	568.33	621.23	596.16	588.48	618.10	606.46	575.37	688.33	283.93	576.16
Ga	15.76	15.19	14.36	15.27	15.88	15.41	14.61	14.42	15.22	14.50	15.30	9.79	14.83
Ge	0.90	1.08	1.23	1.04	1.10	1.19	1.21	1.17	1.26	1.23	1.30	1.10	1.17
Hg	35.83	39.24	22.55	31.77	35.94	29.20	26.14	34.32	24.16	27.40	48.50	12.25	28.79
I	2.69	2.54	2.58	2.52	2.47	2.40	2.48	2.17	1.61	4.08	2.34	0.72	2.46
样品数	47/6 438	520/6 438	480/6 438	846/6 438	162/6 438	990/6 438	2 718/6 438	364/6 438	118/6 438	107/6 438	12/6 438	74/6 438	6 438

续表 4-8

元素	高山寒漠土	高山草甸土	高山草原土	山地草甸土	灰褐土	黑钙土	栗钙土	灰钙土	灌淤土	沼泽土	潮土	风沙土	全区
La	34.78	34.25	31.39	33.60	35.19	33.84	33.47	33.21	32.62	32.82	34.89	19.56	33.31
Li	39.67	39.48	31.93	37.82	38.96	38.94	37.21	37.97	45.22	35.11	37.78	17.61	37.34
Mn	817.26	707.23	599.60	717.51	731.91	697.09	631.48	622.81	590.46	740.97	629.67	303.05	657.30
Mo	0.84	0.82	0.69	0.82	0.84	0.81	0.86	0.89	0.70	0.91	1.13	0.39	0.82
N	4 815.38	3 322.00	2 830.96	3 244.20	3 127.67	1 748.67	1 420.58	815.26	645.66	4 469.01	1 262.00	579.25	2 029.41
Nb	12.66	12.78	12.59	12.88	13.48	13.41	13.08	12.62	12.44	13.37	14.19	7.69	12.96
Ni	32.91	34.97	25.57	41.23	35.01	33.57	28.77	29.05	26.63	26.80	28.45	10.76	31.33
P	1 142.87	954.54	864.27	959.56	929.02	843.94	776.77	799.15	759.33	997.10	771.44	389.80	838.65
Pb	23.74	23.90	20.10	23.21	23.93	23.19	22.39	22.51	23.64	21.86	25.77	14.73	22.56
Rb	104.21	104.71	93.43	101.50	105.63	104.67	100.59	96.44	111.68	99.92	104.85	64.54	100.84
S	813.57	695.24	538.88	662.53	667.43	562.73	1 126.34	2 298.66	672.21	1 114.31	401.67	164.66	931.62
Sb	0.84	0.97	0.95	1.04	1.08	1.02	0.97	1.06	1.28	0.87	0.75	0.51	0.99
Sc	13.56	11.75	9.72	12.52	12.96	12.04	11.20	11.30	9.98	10.52	12.93	4.87	11.40
Se	0.18	0.19	0.18	0.21	0.22	0.18	0.19	0.20	0.14	0.27	0.19	0.06	0.19
Sn	2.87	2.97	2.79	2.94	2.85	3.04	3.00	2.96	3.24	3.19	2.86	2.13	2.97
Sr	179.46	188.81	168.14	192.34	200.09	213.83	247.59	279.36	274.17	173.94	237.48	196.83	223.23
Th	11.62	11.94	10.87	11.75	12.00	12.00	11.44	11.43	11.93	11.47	10.66	5.64	11.52
Ti	4 249.02	3 883.89	3 546.54	4 032.63	4 127.73	3 883.86	3 614.82	3 658.76	3 414.69	3 831.01	3 480.02	1 815.71	3 726.75
Tl	0.60	0.61	0.55	0.60	0.61	0.64	0.62	0.62	0.68	0.61	0.63	0.43	0.61
样品数	47/6 438	520/6 438	480/6 438	846/6 438	162/6 438	990/6 438	2 718/6 438	364/6 438	118/6 438	107/6 438	12/6 438	74/6 438	6 438

续表 4-8

元素	土壤类型													全区
	高山寒漠土	高山草甸土	高山草原土	山地草甸土	灰褐土	黑钙土	栗钙土	灰钙土	灌淤土	沼泽土	潮土	风沙土		
U	2.53	2.51	2.17	2.47	2.45	2.46	3.42	2.63	2.83	2.91	2.79	1.23		2.86
V	100.09	85.77	71.60	92.54	95.35	87.92	76.71	78.66	76.25	74.50	75.71	32.89		81.06
W	1.92	2.04	1.71	2.19	1.93	1.86	1.74	1.73	2.04	1.78	1.58	0.83		1.84
Y	21.19	22.06	23.18	22.25	23.49	23.27	23.02	22.44	21.44	25.07	23.88	13.36		22.75
Zn	84.79	75.08	66.14	76.07	78.74	72.50	67.40	68.07	66.83	72.93	70.87	29.91		69.96
Zr	196.96	212.17	228.52	208.65	207.48	205.94	210.55	208.26	201.20	201.94	218.54	120.72		209.42
SiO_2	56.87	59.00	61.82	58.01	57.86	57.70	57.23	55.62	59.14	56.34	59.74	69.86		57.98
Al_2O_3	13.39	12.55	11.75	12.60	12.85	12.55	11.65	11.86	12.45	11.70	11.20	8.73		12.03
TFe_2O_3	5.07	4.61	4.16	4.82	5.01	4.72	4.32	4.34	4.07	4.71	4.42	1.99		4.46
MgO	2.18	2.13	1.77	2.37	2.32	2.44	2.39	2.70	2.27	2.08	2.40	0.96		2.32
CaO	2.89	3.86	3.84	4.24	4.36	5.98	7.30	8.32	6.27	4.38	7.56	5.05		6.01
Na_2O	1.64	1.72	1.77	1.66	1.54	1.55	1.57	1.47	1.62	1.52	1.41	1.96		1.61
K_2O	2.56	2.51	2.26	2.47	2.55	2.53	2.42	2.47	2.64	2.21	2.39	1.80		2.44
Corg	5.32	3.60	3.02	3.47	3.56	1.80	1.42	0.84	0.56	5.34	1.41	0.46		2.13
TC	6.24	4.55	3.96	4.49	4.63	3.10	2.95	2.61	1.70	6.58	2.70	1.43		3.45
pH	7.37	7.77	7.91	7.87	7.83	8.11	8.25	8.22	8.30	7.40	8.22	8.72		8.09
样品数	47/6 438	520/6 438	480/6 438	846/6 438	162/6 438	990/6 438	2 718/6 438	364/6 438	118/6 438	107/6 438	12/6 438	74/6 438		6 438

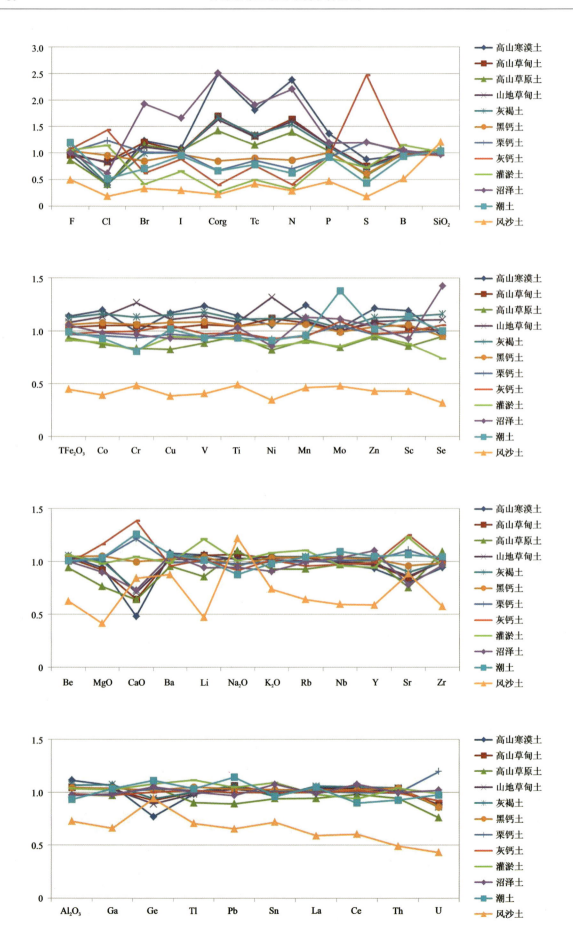

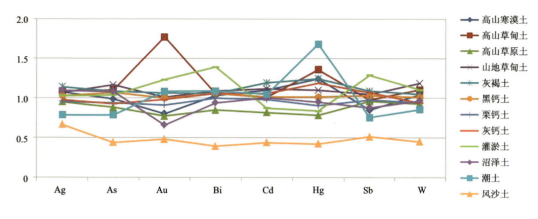

图 4-16　不同类型表层土壤元素含量曲线图

潮土中 Mo、Sc、CaO、Hg 含量高于全区含量，Cl、Br、Corg、TC、N、S、Cr、Ni、Ag、As、Sb 含量低于全区含量。

风沙土中 SiO$_2$、Na$_2$O 含量较全区偏高，Ge、Sr 含量与全区相当，其余元素含量较全区明显偏低。

二、不同类型深层土壤中元素地球化学特征

将不同类型表层土壤中元素含量平均值统计列于表 4-9 中，将不同类型表层土壤中元素含量相对全区含量变化曲线图示于图 4-17，从图表中可以看出如下内容。

高山寒漠土中 Corg、N、P、Co、Cu、V、Mn、Zn、Sc、Al$_2$O$_3$、Ga、Pb、La、Ce、Th 含量较全区偏高，Cl、S、CaO、Sr、Au 含量较全区偏低。

高山草甸土中 Corg、N、Cr、Ni、Au、As、Sb、W 含量较全区明显偏高，Cl、S、CaO 含量较全区明显偏低。

高山草原土中 Cl、S、CaO 含量较全区明显偏低，TFe$_2$O$_3$、Co、Cr、Cu、V、Ti、Ni、Mn、Mo、Zn、Tl、Pb、Sn、Au、As、Bi、Cd、Hg 含量较全区稍低，其余元素含量与全区相当。

山地草甸土中 Corg、N、TFe$_2$O$_3$、Co、Cr、Cu、V、Ti、Ni、Mn 等含量较全区偏高，Cl、S、含量较全区偏低。

灰褐土中 Corg、N、Au、As、Sb 含量较全区明显偏高，TFe$_2$O$_3$、Co、Cr、Cu、V、Ti、Ni、Mn 等含量较全区稍高，Cl、S 含量较全区偏低。

黑钙土中 TFe$_2$O$_3$、Co、Cr、Cu、V、Ti、Ni、Mn、Mo、Zn 含量稍高于全区，Cl、S 含量较全区偏低，其他元素含量与全区相当。

栗钙土中 Cl、S、CaO、Sr 含量较全区偏高，Corg、N 含量较全区明显偏低，Co、Cr、Cu、V、Ti、Ni、Mn、Mo、Zn 等含量稍低于全区含量。

灰钙土中 Cl、S、Sr、CaO 含量明显高于全区，其余元素含量与全区相当。

灌淤土中 Cl、S、Be、Li、Sr、Tl、Pb、Sn、U、W、Bi、Sb 含量较全区偏高，Br、I、Corg、TC、N、CaO 等含量较全区偏低。

沼泽土中 Se、Corg、TC、N、P 含量高于全区含量，Cl、S、Sr 含量较全区偏低。

风沙土中 SiO$_2$、Na$_2$O 含量较全区偏高，Ge、Sr 含量与全区相当，其余元素含量较全区明显偏低。

表 4-9 不同类型深层土壤中元素含量平均值统计表

元素	土壤类型											全区
	高山寒漠土	高山草甸土	高山草原土	山地草甸土	灰褐土	黑钙土	栗钙土	灰钙土	灌淤土	沼泽土	潮土	风沙土	
Ag	68.62	70.42	58.41	68.61	72.62	65.91	59.93	62.13	65.93	61.00	43.00	46.25	63.20
As	14.73	17.42	10.67	16.70	23.39	15.16	11.88	12.93	14.27	11.00	10.90	6.92	13.71
Au	1.32	2.43	1.24	2.02	1.97	1.70	1.54	1.50	1.52	1.35	2.04	0.76	1.67
B	52.00	53.48	47.80	54.29	58.72	55.41	55.03	57.76	65.61	48.23	63.00	29.31	54.22
Ba	561.08	518.37	476.88	507.55	526.33	514.48	495.59	480.61	510.27	518.16	495.00	425.66	500.69
Be	2.31	2.07	1.90	2.06	2.16	2.02	1.90	1.91	2.13	1.97	1.81	1.26	1.96
Bi	0.36	0.32	0.26	0.37	0.35	0.33	0.30	0.32	0.46	0.29	0.31	0.18	0.32
Br	4.62	4.31	4.17	4.71	4.47	4.07	4.06	3.18	2.64	4.77	3.85	1.86	4.10
Cd	139.69	141.12	122.47	149.25	158.12	145.76	140.28	151.53	128.73	148.77	150.00	76.05	141.20
Ce	76.47	68.22	65.28	66.04	70.94	65.52	62.88	64.19	61.04	70.52	50.00	38.68	64.48
Cl	133.95	333.07	210.88	266.62	353.58	383.05	613.14	796.12	1 149.78	153.73	1 213.00	134.77	471.20
Co	15.21	14.86	10.99	15.99	15.77	13.95	11.91	12.91	10.96	11.26	10.10	5.70	13.01
Cr	73.10	102.30	59.79	107.77	87.83	82.24	69.30	73.86	58.66	61.23	54.00	37.65	78.43
Cu	29.99	27.33	19.65	31.97	31.02	27.54	23.21	25.41	22.35	21.14	19.80	11.05	25.27
F	593.85	563.31	532.95	589.67	638.31	592.64	589.74	628.97	589.19	624.03	620.00	312.83	583.85
Ga	17.68	15.64	14.12	15.72	16.56	15.36	14.17	14.46	14.89	13.85	14.10	9.80	14.73
Ge	1.22	1.32	1.31	1.30	1.30	1.28	1.23	1.16	1.28	1.23	1.21	1.18	1.26
Hg	19.93	23.40	16.17	25.95	22.35	19.05	22.88	18.27	16.33	18.30	112.00	12.32	21.61
I	1.84	1.75	1.75	2.02	2.04	1.97	1.97	2.02	1.21	1.87	1.72	0.64	1.91
样品数	13/1 686	140/1 686	128/1 686	222/1 686	39/1 686	273/1 686	689/1 686	99/1 686	27/1 686	31/1 686	1/1 686	24/1 686	1 686

续表 4-9

元素	土壤类型												全区
	高山寒漠土	高山草甸土	高山草原土	山地草甸土	灰褐土	黑钙土	栗钙土	灰钙土	灌淤土	沼泽土	潮土	风沙土	
La	39.71	35.37	33.49	34.14	35.63	32.97	32.46	31.67	32.05	34.98	32.20	20.56	33.04
Li	42.32	40.13	32.70	39.63	40.44	39.00	36.33	37.98	47.97	34.49	36.30	19.56	37.39
Mn	765.38	725.34	573.76	749.63	780.53	702.63	610.13	618.21	583.34	588.90	563.00	313.92	650.83
Mo	0.79	0.75	0.68	0.85	0.82	0.82	0.87	0.99	0.72	0.87	0.82	0.37	0.83
N	1 752.62	1 173.46	689.17	1 196.58	1 098.83	801.30	566.19	469.13	377.61	1 257.91	723.00	329.48	769.22
Nb	14.78	13.54	12.90	13.75	13.96	13.33	13.03	12.63	12.34	13.35	13.30	8.26	13.14
Ni	31.51	48.40	24.06	45.53	36.34	34.97	29.50	28.82	24.92	22.99	26.90	11.48	33.34
P	820.38	712.38	608.76	749.50	730.31	682.24	615.17	647.02	595.80	638.13	618.10	344.63	653.68
Pb	25.59	24.27	19.90	22.67	23.69	22.27	21.39	21.45	24.87	21.03	23.30	15.00	21.88
Rb	114.08	104.03	94.97	99.82	107.29	101.62	98.69	95.65	109.27	100.42	95.30	65.11	99.33
S	352.23	427.04	299.55	384.67	400.04	488.63	1 015.85	2 973.44	1 050.29	544.27	2 528.00	142.55	820.03
Sb	0.93	1.13	0.88	1.07	1.32	1.03	0.91	1.04	1.27	0.85	0.71	0.60	0.98
Sc	13.14	12.48	9.71	13.50	13.55	12.30	10.92	11.29	9.65	10.12	11.90	5.08	11.50
Se	0.14	0.16	0.14	0.17	0.18	0.17	0.16	0.16	0.14	0.30	0.23	0.07	0.16
Sn	3.21	3.08	2.75	3.09	3.07	3.07	2.96	3.06	3.36	2.96	2.40	2.23	2.99
Sr	231.92	228.62	207.86	222.19	206.93	222.61	263.54	302.16	274.91	197.39	254.30	209.65	243.25
Th	13.98	12.16	11.60	11.96	12.27	11.65	11.32	11.33	11.95	11.74	10.80	6.27	11.53
Ti	4 175.46	3 930.43	3 386.22	4 087.69	4 294.98	3 854.53	3 503.44	3 633.77	3 374.60	3 525.60	3 165.20	1 941.97	3 670.84
Tl	0.70	0.62	0.59	0.61	0.67	0.64	0.62	0.62	0.70	0.66	0.55	0.44	0.62
样品数	13/1 686	140/1 686	128/1 686	222/1 686	39/1 686	273/1 686	689/1 686	99/1 686	27/1 686	31/1 686	1/1 686	24/1 686	1 686

续表4-9

元素	土壤类型											全区
	高山寒漠土	高山草甸土	高山草原土	山地草甸土	灰褐土	黑钙土	栗钙土	灰钙土	灌淤土	沼泽土	潮土	风沙土	
U	2.54	2.49	2.28	2.52	2.52	2.46	2.55	2.72	2.81	3.02	2.30	1.38	2.51
V	97.33	90.97	70.04	98.75	100.31	88.74	75.45	79.18	75.34	69.72	71.30	35.87	81.84
W	1.79	2.13	1.60	2.21	2.11	1.79	1.66	1.69	2.20	1.80	1.60	0.94	1.80
Y	23.58	23.00	22.32	23.72	24.43	22.84	22.41	22.17	19.99	22.78	21.60	13.99	22.58
Zn	81.54	71.21	60.00	73.74	77.61	69.59	62.33	64.95	62.97	61.43	64.00	30.72	65.77
Zr	211.15	217.27	223.33	215.27	213.69	201.54	206.84	206.15	199.03	215.71	202.00	143.68	208.50
SiO_2	59.07	59.72	61.12	58.75	59.20	58.29	58.26	55.52	60.90	59.15	58.39	68.92	58.75
Al_2O_3	13.96	12.80	11.94	12.87	13.22	12.56	11.56	11.87	12.42	11.66	10.33	8.99	12.08
TFe_2O_3	5.17	4.88	4.11	5.12	5.23	4.74	4.19	4.38	4.02	4.21	3.76	2.16	4.47
MgO	2.29	2.62	2.06	2.73	2.47	2.66	2.47	2.76	2.23	2.59	2.22	1.02	2.51
CaO	4.00	4.89	5.60	5.30	5.07	6.33	7.54	8.50	5.73	6.11	8.43	5.39	6.57
Na_2O	1.83	1.86	1.88	1.76	1.69	1.66	1.65	1.55	1.82	1.67	1.94	1.97	1.71
K_2O	2.68	2.46	2.29	2.40	2.57	2.47	2.36	2.45	2.69	2.30	2.11	1.81	2.40
Corg	1.98	1.34	0.68	1.30	1.18	0.81	0.50	0.40	0.30	1.51	0.82	0.17	0.77
TC	2.77	2.23	1.80	2.29	2.20	2.11	2.07	2.24	1.35	2.92	2.45	1.18	2.11
pH	7.93	8.13	8.51	8.19	8.13	8.29	8.46	8.29	8.36	8.19	8.19	8.97	8.35
样品数	13/1 686	140/1 686	128/1 686	222/1 686	39/1 686	273/1 686	689/1 686	99/1 686	27/1 686	31/1 686	1/1 686	24/1 686	1 686

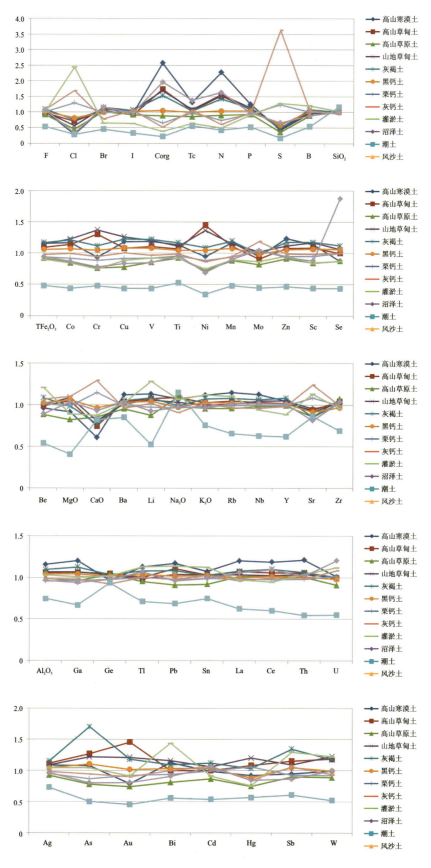

图 4-17 不同类型深层土壤元素含量曲线图

第五章　土壤地球化学基准值

土壤地球化学基准值是指未受人类活动影响的土壤原始沉积环境地球化学含量。在地球化学元素含量满足正态分布的情况下，统计单元的土壤地球化学基准值可以用本单元的地球化学元素背景均值表示。这里定义为第Ⅰ环境中样品即深层样中元素含量算术平均值 $\overline{X}_1$ 经 $\overline{X}_1 \pm 3S_1$ 反复剔除异常值后的平均值 $\overline{X}_2$。它反映元素本底值的特征，作为衡量区域元素变化的基准。

第一节　数据分布形态检验

检验数据的分布形态主要是检验数据是否属于正态分布或近似正态分布，在此将数据进行对数转换，用 GeoMDIS 软件验证数据是否属于对数正态分布或近似对数正态分布。

以数据的偏度来衡量数据是否符合对数正态分布或近似对数正态分布。偏度是以标准差为单位的算术平均数与众数的离差，故 α 范围在 0 与 ±3 之间说明数据近似正态分布。α 为 0 表示数据呈标准正态分布，α 为 +3 与 -3 分别表示极右偏态和极左偏态。

将深层土壤样元素含量原始数据的偏度列于表 5-1，从检验结果来看，深层土壤中 Ba、F、Ce、La、Mn、Rb、Ti、Zr、SiO_2、Al_2O_3 等均呈极左偏态分布，其余元素均呈近似对数正态分布。

在计算背景值时，将原始数据集用 $\overline{X}_1 \pm 3S_1$ 反复剔除异常值，直至数据集均呈近似正态分布，用剔除后数据集计算背景值。

第二节　第四纪沉积物成土母质元素地球化学基准值

第四纪沉积物是指第四纪时期因地质作用所沉积的物质，一般呈松散状态。根据沉积物的成因划分类型，一般划分为残积物、重力堆积物、坡积物、洪积物、冲积物、湖泊沉积物、沼泽沉积物、海洋沉积物、地下水沉积物、冰川沉积物、风成沉积物、生物沉积物、人工堆积物等类型。青海省东部第四纪沉积物主要有冲洪积物、冲洪积物叠加风成黄土、风积物和湖积物。

一、冲洪积物成土母质土壤基准值

以冲洪积物为成土母质的土壤主要分布在山间沟谷、山前洪积扇、盆地边缘等部位，在湟水河流域、黄河流域、共和盆地、青海湖盆地有较大面积分布。此类土壤基准值统计结果见表 5-2。

表 5-1 深层土壤样分布形态检验参数统计表

元素	平均值	众数	中位数	标准差	偏度	峰度	元素	平均值	众数	中位数	标准差	偏度	峰度
Ag	1.79	1.78	1.79	0.10	-2.73	62.90	Pb	1.33	1.31	1.33	0.09	-1.61	40.00
As	1.91	1.03	1.09	0.16	1.13	11.13	Rb	1.99	2.01	1.99	0.09	-6.92	149.61
Au	0.16	0.11	0.15	0.19	1.63	12.50	S	2.61	2.34	2.51	0.40	1.27	3.88
B	1.72	1.75	1.73	0.12	-2.27	29.35	Sb	-0.03	0.04	-0.03	0.14	0.74	6.51
Ba	2.69	2.68	2.70	0.09	-18.62	582.99	Sc	1.04	1.08	1.05	0.12	-0.62	5.61
Be	0.29	0.27	0.29	0.07	-0.35	3.23	Se	-0.84	-0.85	-0.84	0.18	1.01	5.00
Bi	-0.52	-0.59	-0.52	0.13	0.75	6.76	Sn	0.47	0.49	0.46	0.09	0.57	5.50
Br	0.56	0.60	0.58	0.22	-0.45	0.60	Sr	2.36	2.44	2.37	0.14	-2.46	44.50
Cd	2.13	2.15	2.14	0.13	-2.25	46.97	Th	1.05	1.05	1.06	0.09	-1.59	14.70
Ce	1.80	1.75	1.80	0.09	-4.68	90.69	Ti	3.56	3.57	3.57	0.12	-15.34	483.13
Cl	2.37	1.99	2.26	0.47	0.61	0.27	Tl	-0.21	-0.21	-0.21	0.08	-0.23	2.57
Co	1.09	1.06	1.10	0.14	-0.26	5.42	U	0.39	0.36	0.38	0.10	0.89	8.63
Cr	1.84	1.77	1.82	0.18	1.71	16.19	V	1.90	2.04	1.89	0.13	-2.22	29.24
Cu	1.38	1.34	1.38	0.15	-0.08	7.96	W	0.22	0.20	0.22	0.14	1.69	13.42
F	2.76	2.79	2.77	0.11	-9.56	230.55	Y	1.35	1.36	1.36	0.08	-4.05	57.08
Ga	1.16	1.15	1.17	0.08	-2.77	34.83	Zn	1.81	1.80	1.81	0.11	-3.62	45.29
Ge	0.10	0.09	0.10	0.06	0.55	5.88	Zr	2.31	2.31	2.32	0.09	-9.28	214.16
Hg	1.25	1.18	1.23	0.18	2.85	25.25	SiO_2	1.77	1.76	1.77	0.05	-20.42	663.43
I	0.24	0.26	0.26	0.20	-0.83	1.43	Al_2O_3	1.08	1.06	1.08	0.06	-4.93	87.89
La	1.51	1.51	1.22	0.08	-3.80	72.24	TFe_2O_3	0.64	0.64	0.64	0.10	-0.97	5.48
Li	1.56	1.53	1.57	0.11	-2.00	25.96	MgO	0.38	0.36	0.38	0.14	0.32	3.70
Mn	2.80	2.78	2.79	0.13	-5.62	120.17	CaO	0.78	0.96	0.83	0.19	-1.34	1.91
Mo	-0.11	-0.13	-0.10	0.15	0.06	3.12	Na_2O	0.22	0.16	0.23	0.09	0.52	11.14
N	2.79	2.56	2.76	0.28	-0.02	6.01	K_2O	0.38	0.38	0.38	0.05	-0.94	3.44
Nb	1.11	1.10	1.12	0.08	-2.19	22.47	TC	0.29	0.39	0.31	0.17	-0.51	2.17
Ni	1.45	1.43	1.44	0.20	1.53	11.41	Corg	-0.28	-0.40	-0.29	0.37	-0.04	0.72
P	2.80	2.79	2.81	0.12	-7.34	165.00	pH	0.92	0.92	0.92	0.03	-14.86	425.20

表 5-2 冲洪积物成土母质土壤基准值统计表

元素	剔除下限	剔除上限	离差	偏度	峰度	基准值	全区基准值
Ag	36.00	86.00	9.71	0.48	3.13	57.24	61.20
As	2.95	19.88	2.86	0.49	3.60	10.70	12.20
Au	0.30	2.30	0.37	0.25	3.18	1.24	1.40
B	24.80	82.50	11.10	0.31	3.01	49.45	52.30
Ba	341.70	640.00	55.65	−0.23	3.06	482.43	494.50
Be	1.13	2.53	0.25	0.60	3.79	1.76	1.90
Bi	0.08	0.45	0.06	0.51	3.11	0.26	0.30
Br	0.70	9.36	1.84	0.51	2.64	3.85	3.60
Cd	54.00	187.00	24.66	0.36	2.94	113.25	134.00
Ce	36.00	85.60	8.86	0.19	3.19	59.54	63.10
Cl	36.70	1 004.80	241.12	0.96	2.93	291.67	226.30
Co	4.19	16.60	2.18	0.00	2.99	9.97	12.10
Cr	33.00	82.60	9.21	0.28	3.07	55.33	64.20
Cu	7.00	33.00	4.60	0.24	3.18	19.35	23.30
F	293.00	762.00	89.07	0.28	3.10	505.66	570.90
Ga	8.10	18.50	2.00	0.04	2.70	13.27	14.50
Ge	0.90	1.54	0.12	−0.17	2.96	1.25	1.20
Hg	4.90	30.97	3.62	0.61	4.72	16.68	17.10
I	0.26	3.66	0.68	0.61	3.03	1.61	1.70
La	18.97	42.20	4.11	−0.12	3.15	30.31	32.40
Li	12.50	50.60	6.56	0.10	3.02	31.27	36.10
Mn	273.00	849.07	107.58	0.24	2.77	528.18	624.80
Mo	0.23	1.21	0.19	0.23	3.04	0.67	0.80
N	85.00	1 018.00	186.94	0.93	3.27	452.41	607.20
Nb	7.30	16.80	1.75	−0.07	2.64	11.74	12.90
Ni	5.90	39.90	5.66	0.19	3.64	21.85	26.80
P	265.00	830.00	102.50	−0.22	2.70	546.19	632.70
Pb	12.40	29.50	3.24	0.35	2.88	20.16	21.30
Rb	55.20	131.00	13.38	0.62	3.94	91.17	97.70
S	68.00	1 114.00	175.65	1.66	6.80	316.00	366.90
Sb	0.33	1.57	0.23	0.10	2.41	0.89	0.90
Sc	4.08	13.68	1.74	0.15	2.97	8.84	11.00
Se	0.04	0.37	0.05	1.56	7.19	0.13	0.10
Sn	1.70	4.00	0.44	0.22	2.88	2.71	2.90

续表 5-2

元素	剔除下限	剔除上限	离差	偏度	峰度	基准值	全区基准值
Sr	82.60	421.60	59.89	0.34	3.47	228.92	229.20
Th	5.41	15.40	1.77	−0.08	2.93	10.44	11.20
Ti	1 826.00	4 571.00	531.68	−0.03	3.00	3 192.80	3 592.90
Tl	0.39	0.80	0.08	0.31	2.85	0.58	0.60
U	1.09	3.50	0.41	0.30	3.17	2.27	2.40
V	25.70	106.00	14.02	0.06	3.08	65.84	78.30
W	0.52	2.58	0.36	0.40	3.57	1.50	1.60
Y	10.90	28.60	3.19	−0.27	2.86	20.50	22.30
Zn	25.10	86.10	10.78	−0.01	2.94	54.89	64.10
Zr	123.80	297.20	35.14	0.09	2.64	204.60	205.20
SiO_2	47.19	72.73	4.71	−0.16	3.12	61.18	58.50
Al_2O_3	8.06	13.97	1.09	−0.17	3.21	11.24	12.00
TFe_2O_3	1.93	5.24	0.62	−0.17	2.99	3.72	4.30
MgO	0.71	3.54	0.51	0.71	3.88	2.01	2.30
CaO	1.43	11.68	1.79	0.29	3.65	6.25	6.10
Na_2O	1.02	2.60	0.28	−0.55	2.79	1.79	1.70
K_2O	1.72	2.88	0.22	0.38	3.25	2.24	2.40
Corg	0.01	1.03	0.22	0.83	3.13	0.36	0.50
TC	0.27	3.07	0.51	0.19	3.00	1.66	2.00

(1)冲洪积成土母质土壤中由于物质在搬运过程中迁移能力不同导致迁移距离较短的 As、Au、Bi、Cd、Cr、Co、Cu、F、Li、Mn、Mo、Ni、P、S、Sc、Ti、V、Zn、TFe_2O_3、MgO、TC 等基准值较全区偏低。

(2)冲洪积成土母质土壤多为耕作土壤,因此土壤 N 和 Corg 基准值较全区明显偏低。

(3)Cl 和 Se 基准值较全区明显偏高,且 Cl、Se、S 三者剔除离散数据后偏度仍较大,是由于湟水谷地冲洪积物多来自丘陵地区第三纪咸水湖相沉积的红色膏盐地层。

二、冲洪积物十次生黄土成土母质土壤基准值

此类成土母质主要分布在湟水河流域两侧的冲积平原、河流阶地及支流冲洪积扇上,由于湟水河两侧山区广泛分布黄土,经地表径流搬运后以次生黄土的形式与其他冲洪积物在特定部位沉积,形成该地区特有的成土母质。此类土壤基准值统计结果见表 5-3。

表 5-3 冲洪积物十次生黄土成土母质土壤基准值统计表

元素	剔除下限	剔除上限	离差	偏度	峰度	基准值	全区基准值
Ag	41.00	83.00	8.71	0.16	2.62	59.79	61.20
As	9.61	16.50	1.39	0.47	2.95	12.29	12.20

续表 5-3

元素	剔除下限	剔除上限	离差	偏度	峰度	基准值	全区基准值
Au	0.61	2.45	0.38	0.38	2.97	1.45	1.40
B	29.30	76.00	8.35	0.02	3.14	54.50	52.30
Ba	410.80	583.50	28.24	0.92	4.53	489.38	494.50
Be	1.67	2.27	0.13	0.12	2.46	1.95	1.90
Bi	0.22	0.43	0.04	0.64	3.33	0.30	0.30
Br	1.56	8.08	1.47	0.85	3.41	3.81	3.60
Cd	110.00	193.80	18.10	0.13	2.48	151.02	134.00
Ce	47.00	79.80	7.49	−0.44	2.34	64.56	63.10
Cl	61.60	1 277.10	297.67	1.65	4.80	297.15	226.30
Co	8.75	15.76	1.59	−0.07	2.31	12.51	12.10
Cr	51.60	91.00	8.61	−0.19	2.48	69.56	64.20
Cu	19.70	32.10	2.55	0.68	3.45	24.37	23.30
F	459.00	743.00	52.94	−0.18	2.92	621.52	570.90
Ga	11.30	18.00	1.16	0.04	3.46	14.46	14.50
Ge	0.90	1.43	0.11	0.01	2.19	1.16	1.20
Hg	10.10	36.00	5.29	1.19	4.16	18.16	17.10
I	0.99	3.74	0.61	0.30	2.32	2.23	1.70
La	26.41	38.70	2.24	0.28	3.35	32.86	32.40
Li	28.80	43.26	3.00	−0.28	3.11	36.15	36.10
Mn	514.82	754.61	45.98	0.45	3.52	617.63	624.80
Mo	0.62	1.28	0.15	0.31	2.45	0.91	0.80
N	229.71	1 525.00	275.77	1.18	3.92	626.56	607.20
Nb	11.60	16.70	1.07	0.31	2.51	13.84	12.90
Ni	21.60	34.90	2.58	0.23	2.97	28.10	26.80
P	518.80	926.10	68.94	1.09	5.18	670.62	632.70
Pb	17.00	26.30	2.02	0.37	2.70	21.31	21.30
Rb	83.00	118.50	6.49	0.18	2.62	99.23	97.70
S	124.12	1 900.00	395.33	1.98	6.15	450.37	366.90
Sb	0.60	1.24	0.14	0.07	2.28	0.90	0.90
Sc	9.39	14.60	1.01	0.32	2.96	11.81	11.00
Se	0.08	0.26	0.04	0.71	2.80	0.15	0.10
Sn	2.00	4.30	0.52	0.01	2.52	3.13	2.90
Sr	139.20	410.90	51.26	0.05	3.29	254.86	229.20
Th	8.80	13.60	0.89	−0.11	3.27	11.31	11.20
Ti	3 076.80	4 490.00	282.49	0.44	3.10	3 652.81	3 592.90

续表 5-3

元素	剔除下限	剔除上限	离差	偏度	峰度	基准值	全区基准值
Tl	0.49	0.77	0.05	0.02	3.28	0.62	0.60
U	1.90	3.15	0.29	0.08	2.13	2.47	2.40
V	62.40	97.00	6.86	0.50	3.23	77.51	78.30
W	1.20	2.10	0.18	−0.01	2.55	1.67	1.60
Y	20.50	26.80	1.14	0.37	3.27	23.43	22.30
Zn	54.40	83.80	6.02	0.51	2.84	65.85	64.10
Zr	171.60	251.60	15.99	0.32	3.12	211.53	205.20
SiO_2	49.12	63.77	2.77	0.39	2.71	56.63	58.50
Al_2O_3	10.13	13.93	0.77	0.74	3.59	11.65	12.00
TFe_2O_3	3.71	5.29	0.34	0.51	3.03	4.38	4.30
MgO	2.06	3.42	0.29	0.40	2.52	2.59	2.30
CaO	4.08	11.45	1.48	−1.12	4.06	8.48	6.10
Na_2O	1.12	1.94	0.17	0.67	3.20	1.45	1.70
K_2O	2.03	2.80	0.17	0.04	2.21	2.41	2.40
Corg	0.17	1.43	0.30	0.89	3.01	0.56	0.50
TC	1.62	3.64	0.36	0.37	3.59	2.43	2.00

此类土壤基准值仅 NaO 较全区偏低，Cl、Cd、I、Mo、S、Se、Sr、MgO、CaO、Corg、TC 基准值较全区偏高，咸水湖相沉积母质来源致使土壤中 S、Cl 含量偏高且数据偏度较大。

三、风积物成土母质土壤基准值

风积物分为风成沙和风成黄土，风成沙主要分布在日月山以西的青海湖盆地北缘和共和盆地，风成黄土在日月山以东地区广泛分布。以风成物为母质的土壤基准值统计结果见表 5-4。

表 5-4 风成物成土母质土壤基准值统计表

元素	剔除下限	剔除上限	离差	偏度	峰度	基准值	全区基准值
Ag	37.00	69.00	8.87	1.34	3.85	45.71	61.20
As	3.60	9.11	2.01	1.04	2.38	5.26	12.20
Au	0.35	0.80	0.17	0.48	1.44	0.54	1.40
B	17.30	41.10	7.49	0.37	1.61	26.59	52.30
Ba	316.00	504.30	54.55	−1.19	3.24	445.65	494.50
Be	0.86	1.54	0.19	0.32	2.09	1.17	1.90
Bi	0.10	0.19	0.02	0.42	2.54	0.14	0.30
Br	0.54	1.66	0.27	0.91	3.39	0.99	3.60

续表 5-4

元素	剔除下限	剔除上限	离差	偏度	峰度	基准值	全区基准值
Cd	54.41	111.70	16.52	0.97	3.02	72.72	134.00
Ce	29.01	64.23	9.33	1.17	3.65	39.20	63.10
Cl	33.10	249.70	64.24	1.73	4.59	71.75	226.30
Co	3.20	7.30	1.46	1.00	2.23	4.57	12.10
Cr	23.20	52.20	7.03	0.47	2.94	35.57	64.20
Cu	6.20	17.05	2.89	1.44	4.24	9.02	23.30
F	232.00	363.00	36.84	0.63	2.50	276.94	570.90
Ga	7.00	11.40	1.38	0.66	2.01	8.82	14.50
Ge	0.94	1.48	0.15	1.31	3.79	1.11	1.20
Hg	7.99	17.60	2.59	0.26	2.27	12.65	17.10
I	0.13	0.87	0.19	0.52	2.42	0.44	1.70
La	15.72	31.24	4.36	0.93	2.93	20.36	32.40
Li	12.43	25.22	4.21	1.09	2.49	16.29	36.10
Mn	206.45	402.60	59.96	0.77	2.59	278.61	624.80
Mo	0.30	0.66	0.09	1.55	5.04	0.38	0.80
N	158.00	459.42	68.80	1.05	4.02	270.56	607.20
Nb	6.00	10.70	1.45	0.70	2.05	7.89	12.90
Ni	5.71	17.60	3.75	1.21	2.95	9.02	26.80
P	231.60	466.90	77.31	0.79	2.06	307.61	632.70
Pb	11.40	17.30	1.71	−0.26	2.10	14.39	21.30
Rb	47.50	77.40	7.88	0.42	2.51	60.64	97.70
S	59.00	217.40	37.94	1.39	4.62	110.72	366.90
Sb	0.34	0.87	0.17	1.71	4.48	0.45	0.90
Sc	3.15	7.17	1.26	0.86	2.39	4.52	11.00
Se	0.04	0.07	0.01	0.74	2.18	0.05	0.10
Sn	1.60	3.00	0.36	0.49	2.41	2.19	2.90
Sr	150.00	252.80	26.96	0.16	2.16	198.78	229.20
Th	3.75	8.40	1.54	0.86	2.28	5.41	11.20
Ti	1 180.99	2 647.00	486.27	0.68	1.91	1 733.63	3 592.90
Tl	0.35	0.54	0.06	0.64	2.23	0.43	0.60
U	1.06	1.95	0.25	1.14	3.38	1.34	2.40
V	18.87	51.80	10.46	0.97	2.35	28.94	78.30
W	0.43	1.56	0.30	1.12	3.53	0.77	1.60
Y	10.10	17.80	2.63	0.49	1.72	13.14	22.30
Zn	18.40	42.20	7.66	1.01	2.43	25.38	64.10

续表 5-4

元素	剔除下限	剔除上限	离差	偏度	峰度	基准值	全区基准值
Zr	78.50	291.00	56.56	1.26	3.97	133.20	205.20
SiO$_2$	65.21	77.31	3.38	0.56	2.50	70.48	58.50
Al$_2$O$_3$	6.62	10.52	1.08	0.32	2.13	8.32	12.00
TFe$_2$O$_3$	1.33	2.96	0.57	0.95	2.16	1.82	4.30
MgO	0.59	1.85	0.33	1.41	4.33	0.94	2.30
CaO	2.62	8.55	1.65	0.12	1.89	5.38	6.10
Na$_2$O	1.70	2.13	0.13	−0.51	2.16	1.94	1.70
K$_2$O	1.41	2.07	0.17	−0.06	2.26	1.73	2.40
Corg	0.02	0.37	0.10	1.23	3.42	0.11	0.50
TC	0.48	1.96	0.45	0.04	1.78	1.20	2.00

（1）以风成物为母质的土壤除 SiO$_2$、Na$_2$O 基准值较全区偏高，Ba、Ge 基准值与全区相当外，其余元素基准值均明显低于全区。

（2）其中尤其是以 Corg、I、Br、S、Cl 等与土壤中有机质有关的元素基准值较全区极低，TFe$_2$O$_3$、MgO、Zn、Cu、Au、V、Co、Ni 等岩石主成分元素基准值较全区明显偏低。

四、湖积物+沼泽堆积物成土母质土壤基准值

湖积物一般在湖滨浅水地带以颗粒较粗的砂砾沉积为主，在湖心深水地带以细粒的粉砂、黏土沉积为主。沼泽堆积物以灰色—灰黑色含腐殖质淤泥为主，夹薄层黄褐色—红褐色含碎石黏砂，厚 0~40m。此类土壤背景值和基准值统计结果见表 5-5。

表 5-5 湖积物+沼泽堆积物成土母质土壤基准值统计表

元素	剔除下限	剔除上限	离差	偏度	峰度	基准值	全区基准值
Ag	38.00	68.00	7.86	0.12	2.22	52.32	61.20
As	3.06	13.51	2.44	−1.20	4.16	9.51	12.20
Au	0.52	2.17	0.36	0.92	4.11	1.15	1.40
B	19.90	72.50	14.68	0.21	1.98	44.23	52.30
Ba	366.00	517.00	47.53	0.85	2.28	415.50	494.50
Be	0.88	1.81	0.24	−1.59	4.69	1.54	1.90
Bi	0.12	0.26	0.04	−0.55	2.44	0.20	0.30
Br	0.81	12.70	2.73	2.18	7.33	2.99	3.60
Cd	54.00	126.00	18.82	−0.24	2.22	90.81	134.00
Ce	27.63	66.23	9.32	−0.49	2.87	49.51	63.10
Cl	37.90	1 852.30	365.91	2.75	11.66	319.93	226.30
Co	3.19	12.14	2.31	−0.88	3.06	8.26	12.10

续表 5-5

元素	剔除下限	剔除上限	离差	偏度	峰度	基准值	全区基准值
Cr	25.60	77.10	9.64	0.43	4.45	48.50	64.20
Cu	6.64	26.64	4.29	−0.07	3.59	15.29	23.30
F	266.00	671.00	87.18	0.74	4.05	408.93	570.90
Ga	7.40	16.20	2.06	−0.62	3.28	11.90	14.50
Ge	0.79	1.57	0.16	−0.65	3.40	1.25	1.20
Hg	10.62	30.10	4.94	0.79	2.50	18.07	17.10
I	0.42	2.72	0.53	1.08	3.98	1.14	1.70
La	15.76	31.83	4.43	−1.09	3.27	26.25	32.40
Li	12.85	40.05	6.40	−0.83	3.42	27.17	36.10
Mn	204.42	594.48	93.03	−0.81	3.14	421.29	624.80
Mo	0.24	0.96	0.17	0.99	3.55	0.51	0.80
N	204.00	1 238.00	333.97	1.03	2.64	511.30	607.20
Nb	6.60	13.30	1.80	−0.86	2.78	10.49	12.90
Ni	5.52	26.94	5.46	−1.02	3.35	17.86	26.80
P	232.40	714.00	125.30	−0.50	2.76	500.41	632.70
Pb	10.80	21.80	2.57	−0.53	3.03	16.97	21.30
Rb	49.10	92.50	11.04	−1.21	3.87	77.61	97.70
S	96.00	960.00	216.87	1.06	3.57	348.69	366.90
Sb	0.29	1.35	0.26	−0.85	2.87	0.86	0.90
Sc	3.11	10.04	1.81	−0.80	2.97	7.11	11.00
Se	0.04	0.31	0.07	1.07	3.33	0.11	0.10
Sn	1.80	3.40	0.35	1.27	4.72	2.28	2.90
Sr	157.50	348.20	35.19	2.07	8.68	213.83	229.20
Th	3.70	11.30	2.12	−1.34	3.81	8.83	11.20
Ti	1 126.73	3 361.00	610.13	−1.42	3.98	2 735.91	3 592.90
Tl	0.35	0.66	0.07	−0.02	2.84	0.49	0.60
U	1.09	2.84	0.43	0.08	2.37	1.88	2.40
V	18.20	68.45	14.94	−1.21	3.41	52.89	78.30
W	0.50	1.80	0.34	−1.17	3.54	1.33	1.60
Y	10.40	21.70	3.44	−1.17	3.19	18.06	22.30
Zn	17.90	62.80	12.61	−1.12	3.43	47.15	64.10
Zr	75.20	283.00	55.55	−0.98	3.03	199.66	205.20
SiO_2	54.70	72.03	3.70	−0.33	3.24	64.09	58.50
Al_2O_3	6.68	12.40	1.47	−1.31	3.82	10.52	12.00

续表 5-5

元素	剔除下限	剔除上限	离差	偏度	峰度	基准值	全区基准值
TFe_2O_3	1.24	4.13	0.79	−1.33	3.83	3.19	4.30
MgO	0.64	3.60	0.68	1.45	5.24	1.64	2.30
CaO	3.03	8.44	1.34	0.93	3.08	5.44	6.10
Na_2O	1.37	2.18	0.21	−1.18	3.71	1.94	1.70
K_2O	1.47	2.35	0.21	−1.44	4.43	2.05	2.40
Corg	0.04	1.21	0.36	0.84	2.27	0.41	0.50
TC	0.73	3.37	0.62	1.44	4.73	1.45	2.00

（1）湖积物＋沼泽堆积物成土母质土壤 Cl、Na_2O、Se 基准值较全区明显偏高，且 Cl 和 Br 剔除离散数据后仍然呈偏态分布；SiO_2、Hg、Ge、Zr、Sb、S、Sr 基准值与全区相当。

（2）除以上元素外，其余元素基准值较全区偏低，其中 Co、Cd、V、Mn、Bi、I、Ni、Cu、Sc、Mo 等元素基准值较全区明显偏低。

第三节　沉积岩风化物成土母质土壤基准值

沉积岩风化物成土母质主要包括红色碎屑岩风化物和碎屑岩风化物。

一、红色碎屑岩风化物成土母质土壤基准值

红色碎屑岩风化物是指咸水滨湖相—咸水湖泊相沉积碎屑岩-膏盐建造的第三系岩石风化物，此类岩性脆弱，风化速度快，易被侵蚀。风化物多呈红色、棕红色、黄褐色或暗黄色，质地较轻、黏度大、紧实、通透性较差、碳酸钙含量较高。风化物多发育成栗钙土和淡栗钙土。此类土壤基准值统计结果见表5-6。

表 5-6　红色碎屑岩风化物成土母质土壤基准值统计表

元素	剔除下限	剔除上限	离差	偏度	峰度	基准值	全区基准值
Ag	43.00	96.00	10.22	0.43	2.92	65.71	61.20
As	5.32	22.80	2.96	0.29	3.57	13.98	12.20
Au	0.71	3.10	0.49	0.94	3.66	1.66	1.40
B	18.50	103.00	14.43	0.61	3.54	59.79	52.30
Ba	386.00	642.00	45.84	0.01	3.09	505.07	494.50
Be	1.45	2.63	0.23	0.62	3.19	1.97	1.90
Bi	0.11	0.57	0.08	0.82	3.94	0.33	0.30
Br	0.64	8.64	1.66	0.67	3.02	3.69	3.60
Cd	70.00	202.00	24.85	0.33	3.28	134.41	134.00
Ce	42.33	80.64	6.53	0.18	3.46	61.52	63.10

续表 5-6

元素	剔除下限	剔除上限	离差	偏度	峰度	基准值	全区基准值
Cl	50.60	1 544.90	367.94	0.85	2.81	491.69	226.30
Co	6.42	21.00	2.76	0.75	3.54	12.62	12.10
Cr	29.90	110.00	14.02	0.93	4.06	65.52	64.20
Cu	7.80	45.90	6.75	0.74	3.35	25.63	23.30
F	400.00	820.00	82.31	0.24	2.60	583.15	570.90
Ga	9.40	20.90	2.09	0.05	2.88	15.30	14.50
Ge	0.94	1.65	0.12	0.25	3.47	1.31	1.20
Hg	6.93	27.10	3.73	0.56	3.27	16.16	17.10
I	0.37	3.55	0.64	0.58	2.87	1.64	1.70
La	24.50	41.90	3.36	0.29	3.34	32.39	32.40
Li	18.60	64.50	7.85	0.65	3.48	40.79	36.10
Mn	351.00	1 025.00	122.61	0.44	2.91	656.30	624.80
Mo	0.19	1.32	0.20	0.19	3.22	0.75	0.80
N	141.00	1 527.00	285.72	1.25	4.29	571.74	607.20
Nb	7.40	17.40	1.68	−0.42	3.77	12.78	12.90
Ni	10.60	51.20	7.47	0.72	3.53	29.16	26.80
P	374.00	915.00	90.57	0.37	3.60	640.75	632.70
Pb	13.90	31.50	3.20	0.21	3.24	22.58	21.30
Rb	58.90	140.00	14.48	0.25	3.17	100.91	97.70
S	94.00	4 641.00	721.20	2.50	10.29	699.42	366.90
Sb	0.46	2.14	0.25	0.87	5.31	1.08	0.90
Sc	4.54	18.74	2.48	0.71	3.28	11.19	11.00
Se	0.05	0.27	0.04	0.81	3.51	0.14	0.10
Sn	1.30	4.70	0.53	0.61	4.08	2.96	2.90
Sr	146.20	411.50	51.60	0.76	3.50	250.52	229.20
Th	7.10	16.10	1.59	0.04	2.94	11.92	11.20
Ti	2 413.00	4 969.00	438.68	0.06	3.24	3 670.44	3 592.90
Tl	0.35	0.91	0.10	0.16	3.29	0.63	0.60
U	1.63	3.80	0.42	0.34	3.08	2.55	2.40
V	40.60	137.00	17.08	0.48	3.11	85.24	78.30
W	0.86	2.84	0.39	0.76	3.34	1.72	1.60
Y	15.60	28.80	2.28	−0.57	3.42	22.20	22.30
Zn	40.80	100.00	10.66	0.15	2.80	68.14	64.10
Zr	136.00	264.00	27.33	−0.03	2.47	200.49	205.20

续表 5-6

元素	剔除下限	剔除上限	离差	偏度	峰度	基准值	全区基准值
SiO$_2$	50.22	67.48	3.24	−0.03	2.82	57.85	58.50
Al$_2$O$_3$	10.42	14.67	0.83	0.14	2.73	12.44	12.00
TFe$_2$O$_3$	2.75	6.66	0.76	0.44	2.84	4.49	4.30
MgO	0.96	4.31	0.59	0.75	3.47	2.49	2.30
CaO	3.06	9.78	1.35	−0.29	2.74	6.66	6.10
Na$_2$O	0.93	2.57	0.29	0.02	2.94	1.76	1.70
K$_2$O	1.80	3.13	0.23	0.00	3.10	2.47	2.40
Corg	0.06	1.21	0.25	0.92	3.38	0.46	0.50
TC	0.51	2.84	0.42	0.11	2.70	1.76	2.00

(1) As、Au、Sb、B、Li、Mn 土壤基准值较全区偏高；Cl、S 和 Se 基准值较全区明显偏高，且 S 剔除离散数据后仍呈偏态分布；其余元素基准值与全区相当。

(2) 沉积相决定其本身富含 Cl、S 和 Se，也是青海省东部富硒土壤的主要母质岩类。

二、红色碎屑岩风化物＋黄土成土母质土壤基准值

拉脊山以北的西宁盆地、民和盆地及其周边山区广泛出露第三系西宁组红色岩系，同时该地区也是风成黄土的主要沉降区。陡坡地带黄土厚度较薄，厚度在 0.2～2m 之间，甚至第三系地层裸露；沟谷地带黄土和第三系地层风化物混合堆积。因此，红色碎屑岩风化物和黄土在分布上具有重叠性和二元结构，在此基础上发育的土壤具有二者地球化学承袭性。此类土壤背景值和基准值统计结果见表 5-7。

表 5-7 红色碎屑岩风化物＋黄土成土母质土壤基准值统计表

元素	剔除下限	剔除上限	离差	偏度	峰度	基准值	全区基准值
Ag	41.00	87.00	9.45	0.37	3.01	57.92	61.20
As	8.10	16.95	1.57	0.21	3.05	12.38	12.20
Au	0.66	2.54	0.37	0.26	2.71	1.46	1.40
B	33.70	78.30	8.03	0.10	2.99	56.29	52.30
Ba	402.50	560.00	27.74	0.42	3.44	485.15	494.50
Be	1.59	2.32	0.12	0.35	3.45	1.95	1.90
Bi	0.20	0.39	0.04	0.54	3.28	0.29	0.30
Br	0.95	7.81	1.35	0.66	3.18	3.73	3.60
Cd	110.00	297.80	22.89	1.36	8.74	152.64	134.00
Ce	38.00	78.52	8.22	−0.38	2.19	62.21	63.10
Cl	59.00	1 220.20	300.46	1.23	3.57	354.30	226.30
Co	8.16	17.50	1.76	0.06	3.16	12.62	12.10
Cr	40.00	101.50	10.55	0.07	3.22	69.58	64.20

续表 5-7

元素	剔除下限	剔除上限	离差	偏度	峰度	基准值	全区基准值
Cu	17.60	32.07	2.62	0.27	2.88	24.43	23.30
F	440.00	800.00	67.90	0.00	3.13	633.37	570.90
Ga	10.70	18.20	1.31	−0.15	3.53	14.41	14.50
Ge	0.90	1.52	0.12	0.07	2.78	1.18	1.20
Hg	9.81	27.00	3.50	0.67	3.16	16.46	17.10
I	0.66	4.63	0.70	0.77	3.73	2.26	1.70
La	25.70	38.19	2.22	0.05	3.47	32.24	32.40
Li	26.20	49.30	4.07	0.32	3.79	36.92	36.10
Mn	474.47	761.20	48.66	0.42	4.00	613.13	624.80
Mo	0.50	1.41	0.18	0.15	2.49	0.95	0.80
N	275.00	1 153.00	207.71	0.95	3.12	556.53	607.20
Nb	10.00	17.80	1.35	0.20	2.74	13.83	12.90
Ni	19.20	39.90	3.52	0.49	3.41	28.64	26.80
P	387.60	954.90	83.18	0.78	5.07	643.75	632.70
Pb	17.00	27.00	1.87	0.40	2.93	21.25	21.30
Rb	80.70	125.40	8.37	0.54	3.03	100.09	97.70
S	123.00	3 100.00	727.07	1.43	4.21	791.24	366.90
Sb	0.42	1.37	0.17	0.19	3.11	0.90	0.90
Sc	8.64	16.42	1.34	0.59	3.21	12.02	11.00
Se	0.06	0.26	0.04	0.35	3.18	0.15	0.10
Sn	1.90	4.20	0.49	0.06	2.37	3.04	2.90
Sr	120.20	549.80	62.14	0.70	5.50	284.22	229.20
Th	8.80	13.90	0.90	−0.20	3.42	11.26	11.20
Ti	2 911.40	4 420.80	275.06	0.38	3.30	3 600.47	3 592.90
Tl	0.47	0.77	0.06	0.28	3.19	0.61	0.60
U	1.60	3.44	0.34	0.27	2.53	2.55	2.40
V	54.70	99.65	7.70	0.50	3.95	77.28	78.30
W	1.10	2.18	0.20	−0.14	3.16	1.65	1.60
Y	19.60	26.90	1.23	0.08	3.45	23.22	22.30
Zn	44.90	98.20	7.71	0.78	4.72	65.83	64.10
Zr	151.60	256.80	17.21	−0.22	3.88	206.73	205.20
SiO_2	47.11	64.20	2.94	0.27	3.28	55.90	58.50
Al_2O_3	9.82	13.64	0.70	0.50	3.64	11.56	12.00
TFe_2O_3	3.38	5.35	0.34	0.29	3.46	4.34	4.30
MgO	1.95	3.61	0.31	0.24	2.98	2.70	2.30

续表 5-7

元素	剔除下限	剔除上限	离差	偏度	峰度	基准值	全区基准值
CaO	6.93	11.22	0.76	−0.48	3.14	9.05	6.10
Na_2O	0.95	2.06	0.19	0.02	3.60	1.50	1.70
K_2O	1.93	2.96	0.18	0.13	2.95	2.41	2.40
Corg	0.13	1.30	0.25	1.04	3.51	0.48	0.50
TC	1.43	3.41	0.34	−0.05	3.33	2.40	2.00

(1) Cd、Mo、MgO、CaO、TC 土壤基准值较全区偏高,且 Cd 呈极右偏态分布。
(2) Cl、I、S、Se、Sr 土壤基准值较全域明显偏高,其中 Cl 和 S 呈极右偏态分布。
(3) Na_2O 土壤基准值较全区偏低,其余元素基准值与全区相当。

三、碎屑岩风化物成土母质土壤基准值

碎屑岩风化物是指古生代、中生代沉积碎屑岩所形成的各类风化残积物,此类风化物以石英、长石、岩屑为主,抗风化能力强,含有较多碎石,质地较轻,土壤疏松,通透性好,土体较浅薄。此类土壤背景值和基准值统计结果见表 5-8。

表 5-8 碎屑岩风化物成土母质土壤基准值统计表

元素	剔除下限	剔除上限	离差	偏度	峰度	基准值	全区基准值
Ag	37.00	98.00	11.45	0.30	2.87	65.60	61.20
As	4.21	24.00	3.40	0.56	3.66	13.63	12.20
Au	0.54	2.50	0.37	0.41	3.24	1.41	1.40
B	25.30	83.80	9.78	−0.09	3.32	54.96	52.30
Ba	405.40	610.00	41.39	0.00	2.61	509.62	494.50
Be	1.30	2.77	0.25	0.20	3.05	2.03	1.90
Bi	0.15	0.55	0.07	0.53	3.52	0.33	0.30
Br	0.73	8.99	1.72	0.19	2.57	4.34	3.60
Cd	74.00	222.00	27.72	0.28	3.03	137.31	134.00
Ce	39.31	93.76	9.22	0.13	3.27	66.09	63.10
Cl	38.90	588.60	130.17	1.55	4.44	175.68	226.30
Co	6.52	21.00	2.52	0.36	3.47	13.32	12.10
Cr	42.80	94.20	9.13	−0.04	2.92	68.61	64.20
Cu	12.00	41.70	5.55	0.61	3.58	25.26	23.30
F	350.00	825.00	80.41	−0.05	3.55	587.80	570.90
Ga	9.40	21.20	2.00	0.20	3.10	15.37	14.50
Ge	0.89	1.66	0.13	−0.32	3.27	1.27	1.20
Hg	8.14	36.10	5.68	0.78	3.27	19.16	17.10

续表 5-8

元素	剔除下限	剔除上限	离差	偏度	峰度	基准值	全区基准值
I	0.25	4.07	0.75	0.25	2.64	1.89	1.70
La	23.60	45.70	3.91	0.11	3.15	34.06	32.40
Li	21.40	56.50	6.63	0.36	3.03	38.95	36.10
Mn	332.00	1 016.00	130.80	0.17	2.92	676.08	624.80
Mo	0.24	2.15	0.23	1.50	9.88	0.76	0.80
N	102.00	3 054.00	681.36	1.15	3.56	1 001.05	607.20
Nb	8.30	18.50	1.81	−0.13	3.43	13.23	12.90
Ni	13.50	44.90	5.41	0.05	3.35	28.98	26.80
P	338.00	1 010.00	116.27	0.34	3.55	671.48	632.70
Pb	14.60	33.40	3.68	0.42	3.00	23.15	21.30
Rb	74.00	140.00	12.29	0.36	3.05	102.95	97.70
S	64.00	1 389.00	229.29	2.12	8.41	364.72	366.90
Sb	0.43	1.96	0.30	0.96	3.85	1.05	0.90
Sc	5.72	17.62	2.03	0.20	3.37	11.66	11.00
Se	0.04	0.29	0.05	0.62	3.25	0.15	0.10
Sn	1.90	4.20	0.44	0.10	2.71	2.98	2.90
Sr	72.90	394.00	58.73	0.57	3.31	224.41	229.20
Th	8.50	15.10	1.28	−0.03	2.66	11.80	11.20
Ti	2 615.94	5 000.00	427.51	−0.08	2.97	3 809.42	3 592.90
Tl	0.43	0.89	0.08	0.20	2.81	0.64	0.60
U	1.64	3.29	0.32	0.35	3.25	2.39	2.40
V	46.37	125.00	13.77	0.30	3.37	84.21	78.30
W	0.76	4.28	0.45	1.75	8.60	1.80	1.60
Y	15.40	30.40	2.80	−0.21	3.22	23.21	22.30
Zn	35.40	104.00	12.10	0.22	3.10	69.14	64.10
Zr	125.00	303.00	30.16	0.31	3.26	214.45	205.20
SiO_2	48.57	68.83	3.75	0.09	2.73	58.84	58.50
Al_2O_3	9.36	16.12	1.20	0.02	2.54	12.75	12.00
TFe_2O_3	2.87	6.58	0.67	0.37	3.17	4.59	4.30
MgO	1.32	3.43	0.38	0.05	3.21	2.28	2.30
CaO	1.00	12.07	2.20	−0.16	2.43	5.92	6.10
Na_2O	1.04	2.37	0.24	0.04	2.93	1.69	1.70
K_2O	1.86	3.16	0.22	0.08	2.82	2.49	2.40
Corg	0.02	3.12	0.70	1.33	4.35	0.93	0.50
TC	0.25	4.45	0.77	0.47	3.35	2.25	2.00

(1) As、Bi、Co、Hg、Sb、W、Br、I 土壤基准值较全区偏高。

(2) N、Corg、TC、Se 土壤基准值较全区明显偏高,此类土壤多以林地为主,土壤中有机质类物质含量较高,且由于有机质吸附作用使土壤中 Se 含量也相对较高。

(3) Cl 基准值较全区明显偏低是由于此类土壤多分布在中高山区且土质疏松导致 Cl 的大量流失所致。

(4) 其余元素基准值与全区基本相当。

第四节　中基性火山岩风化物成土母质土壤基准值

中基性火山岩风化物是指早古生代半深海相中基性火山岩建造岩石风化物,主要沿达坂山和拉脊山呈条带状分布。由于中基性火山岩分布区为高海拔地区,岩石风化以物理风化为主,土壤发育缓慢,土壤中碎石较多,土壤质地黏重,富含盐基,矿物质元素丰富。此类土壤背景值和基准值统计结果见表5-9。

表 5-9　中基性火山岩风化物成土母质土壤基准值统计表

元素	剔除下限	剔除上限	离差	偏度	峰度	基准值	全区基准值
Ag	52.00	98.00	10.39	0.22	2.67	73.84	61.20
As	7.68	130.00	21.36	3.84	18.52	21.65	12.20
Au	0.66	7.80	1.65	1.35	4.16	2.66	1.40
B	19.40	69.60	11.02	0.12	2.39	47.14	52.30
Ba	235.00	722.00	109.19	−0.19	2.73	483.30	494.50
Be	1.04	2.63	0.33	−0.45	3.13	1.93	1.90
Bi	0.13	0.51	0.08	0.59	3.09	0.27	0.30
Br	0.95	7.79	1.56	0.53	2.62	4.08	3.60
Cd	79.00	267.40	37.03	0.63	3.45	153.64	134.00
Ce	33.36	89.29	12.26	−0.02	2.40	59.79	63.10
Cl	34.30	160.20	30.75	−0.20	2.42	99.91	226.30
Co	11.12	41.10	7.93	0.34	2.09	24.79	12.10
Cr	58.90	629.00	147.96	0.97	3.01	223.25	64.20
Cu	17.00	95.30	18.15	0.66	2.91	46.65	23.30
F	350.00	800.00	85.01	0.31	3.86	542.11	570.90
Ga	12.30	21.80	2.24	0.28	2.47	16.42	14.50
Ge	0.97	1.68	0.15	−0.11	2.43	1.33	1.20
Hg	11.00	59.50	11.96	1.02	3.03	28.91	17.10
I	0.50	3.52	0.72	0.32	2.41	1.88	1.70
La	16.90	44.70	5.76	0.04	2.48	29.63	32.40
Li	21.60	49.97	5.86	0.41	3.27	33.84	36.10

续表 5-9

元素	剔除下限	剔除上限	离差	偏度	峰度	基准值	全区基准值
Mn	438.44	1 775.00	210.98	0.70	4.75	959.37	624.80
Mo	0.46	1.38	0.19	0.52	3.04	0.84	0.80
N	236.00	3 145.45	586.49	0.99	4.04	1 151.39	607.20
Nb	8.30	19.50	2.36	−0.19	2.62	13.48	12.90
Ni	22.54	230.00	50.62	1.05	3.63	83.71	26.80
P	453.00	1 357.00	192.50	0.51	2.73	800.04	632.70
Pb	9.10	27.00	4.21	−0.51	2.43	19.89	21.30
Rb	44.10	124.70	19.88	−0.10	2.09	86.19	97.70
S	104.00	595.59	109.10	0.97	3.51	270.82	366.90
Sb	0.52	4.75	0.72	3.55	15.97	1.16	0.90
Sc	9.71	31.80	5.44	0.36	2.31	19.37	11.00
Se	0.09	0.40	0.06	1.00	3.95	0.18	0.10
Sn	1.50	4.20	0.61	0.36	2.65	2.78	2.90
Sr	93.60	291.70	45.84	0.73	3.13	176.03	229.20
Th	6.10	14.20	2.02	0.00	2.02	9.89	11.20
Ti	2 799.00	7 224.00	864.11	0.68	3.52	4 668.72	3 592.90
Tl	0.28	0.77	0.12	0.00	2.01	0.52	0.60
U	1.43	3.73	0.50	0.71	3.32	2.19	2.40
V	68.27	225.00	36.72	0.25	2.19	135.10	78.30
W	0.86	3.28	0.44	0.68	4.47	1.59	1.60
Y	15.60	30.30	3.69	−0.04	2.30	22.87	22.30
Zn	49.40	114.00	12.07	0.40	3.66	78.05	64.10
Zr	103.00	276.00	33.74	0.31	2.88	181.83	205.20
SiO_2	47.83	67.97	4.12	0.18	2.80	58.05	58.50
Al_2O_3	10.67	15.80	1.28	−0.14	2.10	13.32	12.00
TFe_2O_3	3.91	9.89	1.31	0.00	2.30	6.66	4.30
MgO	1.39	10.60	2.02	1.11	3.70	4.20	2.30
CaO	0.95	9.80	2.19	0.78	2.58	4.27	6.10
Na_2O	0.76	2.60	0.39	0.56	3.02	1.63	1.70
K_2O	1.31	3.19	0.43	−0.11	2.28	2.23	2.40
Corg	0.19	3.41	0.72	0.97	3.67	1.30	0.50
TC	0.55	4.11	0.81	0.30	2.39	2.01	2.00

(1) Ag、As、Au、Be、Cd、Ga、Ge、Hg、I、Mn、Pb、Sb、Sc、Se、Ti、W、Zn、Al_2O_3、TFe_2O_3、MgO、Corg、N 基准值较全区偏高，其中 As、Sb 呈极右偏态分布且数据相对集中。

(2) Cu、Co、Cr、Ni 基准值较全区明显偏高。

(3) Cl、S、Rb、Sr、Tl、Zr、CaO 基准值较全区偏低。

第五节 中酸性侵入岩风化物成土母质土壤基准值

侵入岩风化物主要指以中酸性侵入岩为母质形成的风化残积物,在整个研究区零散分布。母岩主要有花岗闪长岩、二长花岗岩、钾长花岗岩、石英闪长岩等,此类岩石极易风化,风化物呈粒状结构,风化物中石英、长石含量较高,在此基础上发育的土壤土层疏松、通透性好、钾元素含量较高。此类土壤背景值和基准值统计结果见表 5-10。

表 5-10 中酸性火山岩风化物成土母质土壤基准值统计表

元素	剔除下限	剔除上限	离差	偏度	峰度	基准值	全区基准值
Ag	42.00	145.00	14.85	1.74	8.77	67.61	61.20
As	3.02	19.00	2.96	0.02	3.07	11.92	12.20
Au	0.41	2.41	0.39	0.29	2.86	1.37	1.40
B	21.80	74.50	10.60	−0.17	3.02	49.48	52.30
Ba	406.00	685.70	54.76	0.24	3.02	526.59	494.50
Be	1.55	3.07	0.34	0.43	2.73	2.22	1.90
Bi	0.19	1.33	0.15	3.27	19.73	0.36	0.30
Br	1.38	8.74	1.72	0.53	2.57	4.42	3.60
Cd	66.04	274.00	38.45	0.95	3.95	155.17	134.00
Ce	51.99	130.37	15.30	1.04	4.65	76.23	63.10
Cl	44.10	518.60	122.10	1.60	4.41	156.40	226.30
Co	7.21	20.00	2.43	0.25	3.35	12.80	12.10
Cr	36.60	91.50	10.80	−0.04	2.69	64.71	64.20
Cu	12.86	43.70	5.89	1.23	5.11	23.24	23.30
F	415.00	1 066.00	112.26	0.77	4.05	627.48	570.90
Ga	11.00	20.90	1.96	−0.27	2.65	15.77	14.50
Ge	0.77	1.98	0.17	0.40	4.85	1.27	1.20
Hg	11.41	34.00	5.27	1.02	3.22	18.18	17.10
I	0.69	4.20	0.83	0.32	2.20	2.11	1.70
La	27.59	50.30	5.55	0.36	2.36	37.21	32.40
Li	18.40	77.65	9.19	1.12	5.99	40.96	36.10
Mn	237.82	1 103.45	154.43	0.37	3.75	697.27	624.80
Mo	0.34	1.70	0.23	0.91	4.91	0.86	0.80
N	220.70	3 936.00	933.50	1.43	4.24	1 185.81	607.20
Nb	8.50	23.00	2.83	0.62	3.85	14.79	12.90
Ni	13.18	38.30	5.54	−0.12	2.53	26.74	26.80
P	378.30	1 197.00	158.29	0.47	3.11	734.74	632.70

续表 5-10

元素	剔除下限	剔除上限	离差	偏度	峰度	基准值	全区基准值
Pb	17.00	34.90	3.18	0.72	3.85	22.70	21.30
Rb	61.30	164.00	20.02	0.56	3.51	110.19	97.70
S	97.10	701.00	134.54	0.75	2.98	316.30	366.90
Sb	0.27	1.47	0.21	0.25	2.88	0.85	0.90
Sc	6.90	20.18	2.39	0.90	4.53	11.73	11.00
Se	0.07	0.37	0.06	0.99	4.14	0.16	0.10
Sn	2.00	4.70	0.50	0.32	3.06	3.26	2.90
Sr	108.20	391.00	57.54	0.45	2.55	210.16	229.20
Th	7.66	17.57	1.92	−0.08	3.25	12.91	11.20
Ti	2 561.68	5 591.00	572.32	0.48	3.24	3 915.60	3 592.90
Tl	0.29	1.10	0.13	0.42	3.79	0.70	0.60
U	1.46	5.13	0.69	1.17	4.25	2.79	2.40
V	46.84	126.00	15.34	0.53	3.43	80.22	78.30
W	0.80	3.26	0.46	0.69	3.72	1.85	1.60
Y	16.30	34.80	3.71	0.25	3.10	24.97	22.30
Zn	43.00	105.00	12.06	−0.04	2.81	71.65	64.10
Zr	152.00	340.30	38.19	0.63	3.53	231.50	205.20
SiO_2	52.45	69.54	3.50	0.50	2.99	59.76	58.50
Al_2O_3	10.41	15.13	1.00	−0.14	2.60	12.73	12.00
TFe_2O_3	2.42	7.39	0.88	0.49	3.78	4.76	4.30
MgO	1.14	3.29	0.41	0.24	3.37	2.17	2.30
CaO	1.01	10.16	2.27	0.25	2.14	5.06	6.10
Na_2O	1.04	2.90	0.37	0.15	2.53	1.91	1.70
K_2O	1.70	3.14	0.27	−0.08	3.06	2.50	2.40
Corg	0.15	3.87	0.86	1.07	3.28	1.11	0.50
TC	0.40	5.92	1.09	1.17	4.52	2.25	2.00

(1) Ag、Be、Bi、Br、Cd、Ce、I、La、Li、Mn、Nb、P、Pb、Rb、Se、Sn、Th、Tl、U、W、Y、Zn、Zr、Na_2O、TC 基准值较全区偏高，Corg、N、Se 基准值较全区明显偏高。

(2) Cl、S、CaO 基准值较全区偏低。

(3) CaO、Sr、Na_2O、Tl 土壤背景值明显低于基准值，Cd、Se、P、Hg、I、Br、S、TC、N、Corg 土壤背景值明显高于基准值。

第六节　变质岩风化物成土母质土壤基准值

变质岩风化物是指元古宙变质岩所形成的风化残积物，主要分布在中祁连陆块的热水—达坂山—

甘禅口一带和南祁连陆块湟源—李家峡—尖扎一带。岩性为以高绿片岩相、角闪岩相为主的变质岩,风化物土层较厚、土壤发育良好,质地以壤土为主,矿物组成以石英、钾长石、伊利石为主,土壤矿物质元素含量较高。此类土壤背景值和基准值统计结果见表5-11。

表5-11 变质岩风化物成土母质土壤基准值统计表

元素	剔除下限	剔除上限	离差	偏度	峰度	基准值	全区基准值
Ag	31.00	99.00	12.24	0.43	2.97	61.93	61.20
As	4.53	19.44	2.87	−0.03	3.07	11.45	12.20
Au	0.39	2.30	0.36	0.12	2.95	1.30	1.40
B	29.10	74.10	9.54	−0.10	2.79	51.84	52.30
Ba	383.00	658.00	48.14	0.58	3.96	515.07	494.50
Be	1.32	2.82	0.27	0.26	2.65	2.02	1.90
Bi	0.11	0.54	0.07	0.74	3.93	0.30	0.30
Br	0.81	9.10	1.69	0.56	3.23	4.36	3.60
Cd	67.53	305.00	41.06	1.33	5.67	144.47	134.00
Ce	42.54	101.49	10.68	0.49	3.57	71.88	63.10
Cl	47.40	372.60	75.68	1.62	5.05	127.50	226.30
Co	6.61	21.10	2.76	0.29	2.94	13.16	12.10
Cr	42.40	97.80	10.85	0.25	3.03	67.60	64.20
Cu	9.65	38.40	4.91	0.31	3.73	24.15	23.30
F	382.00	911.00	104.23	0.25	2.62	604.94	570.90
Ga	9.60	21.00	2.21	−0.01	2.61	15.15	14.50
Ge	0.84	1.71	0.15	0.13	2.85	1.26	1.20
Hg	7.55	27.30	3.73	0.39	3.02	16.94	17.10
I	0.54	4.35	0.77	0.43	2.92	2.08	1.70
La	23.90	53.55	5.32	0.98	3.96	35.54	32.40
Li	19.51	51.00	5.84	−0.19	2.89	36.30	36.10
Mn	287.59	1 054.00	137.31	0.41	3.42	667.99	624.80
Mo	0.37	1.40	0.19	0.51	3.78	0.83	0.80
N	246.12	2 296.00	475.39	1.09	3.38	820.94	607.20
Nb	8.80	19.90	2.01	0.29	3.21	13.95	12.90
Ni	12.86	44.68	5.93	0.18	3.31	27.88	26.80
P	326.10	1 093.00	134.72	0.54	3.78	668.93	632.70
Pb	15.50	29.30	2.72	0.35	2.84	21.56	21.30
Rb	50.20	159.40	16.27	0.64	4.13	103.32	97.70
S	92.00	875.70	164.41	1.34	4.54	324.37	366.90
Sb	0.37	1.38	0.20	0.44	3.13	0.83	0.90
Sc	6.02	17.70	2.18	0.21	3.24	11.83	11.00

续表 5-11

元素	剔除下限	剔除上限	离差	偏度	峰度	基准值	全区基准值
Se	0.07	0.28	0.04	0.50	3.01	0.15	0.10
Sn	1.60	4.50	0.52	0.05	2.68	2.97	2.90
Sr	103.40	379.40	56.82	0.28	2.60	212.04	229.20
Th	6.40	18.90	2.12	0.59	3.65	12.18	11.20
Ti	2371.63	5409.00	541.92	0.03	3.17	3867.21	3592.90
Tl	0.47	0.91	0.08	0.55	3.83	0.65	0.60
U	1.46	4.97	0.57	1.51	6.16	2.58	2.40
V	42.86	138.89	17.97	0.83	4.04	83.12	78.30
W	0.82	2.66	0.33	0.13	3.09	1.70	1.60
Y	16.70	32.00	2.90	0.10	3.15	23.60	22.30
Zn	35.10	101.00	12.72	−0.05	2.78	68.23	64.10
Zr	141.00	296.90	27.09	0.06	3.66	217.66	205.20
SiO_2	46.62	71.75	4.48	0.01	3.00	59.67	58.50
Al_2O_3	8.61	15.49	1.21	0.10	2.53	12.22	12.00
TFe_2O_3	2.49	7.10	0.85	0.29	3.32	4.70	4.30
MgO	1.09	3.63	0.47	0.32	2.80	2.30	2.30
CaO	1.06	12.57	2.52	0.10	2.55	5.91	6.10
Na_2O	0.91	2.47	0.28	0.14	2.83	1.66	1.70
K_2O	1.85	3.04	0.24	0.15	2.62	2.42	2.40
Corg	0.09	2.60	0.59	1.08	3.51	0.87	0.50
TC	0.31	3.82	0.61	0.27	3.15	2.03	2.00

(1)Ce、Se、N、Corg、Br、I 基准值较全区偏高。

(2)Cl、S 基准值较全区明显偏低,二者均呈右偏态分布且数据相对集中。

(3)其余元素基准值与全区基本相当。

第六章 土壤地球化学背景值

土壤地球化学背景值即为元素在人类活动影响较大的人为环境中的背景值,这里定义为第Ⅱ环境中样品即表层样中元素含量算术平均值 $\overline{X}_1$ 经 $\overline{X}_1 \pm 3S_1$ 反复剔除异常值后的平均值 $\overline{X}_2$。它反映元素现状实际值的特征,作为衡量今后环境质量变化的参照系。

第一节 数据分布形态检验

将计算土壤地球化学背景值的表层土壤样原始数据的偏度列于表 6-1,从检验结果来看,深层土壤中 Ba、Ce、La、Rb、Ti、Zn、Zr、SiO_2、Al_2O_3 等均呈极左偏态分布,U 呈极右偏态分布,其余元素均呈近似对数正态分布。

在计算背景值时,将原始数据集用 $\overline{X}_1 \pm 3S_1$ 反复剔除异常值,直至数据集均呈近似正态分布,用剔除后的数据集计算背景值。

第二节 第四纪沉积物成土母质元素地球化学基准值

一、冲洪积物成土母质土壤背景值

以冲洪积物为成土母质的土壤主要分布在山间沟谷、山前洪积扇、盆地边缘等部位,在湟水河流域、黄河流域、共和盆地、青海湖盆地有较大面积分布。此类土壤受人类活动影响最为明显,其土壤背景值统计结果见表 6-2。

(1) Corg、N、P、TC、Br、I、S、Cd、Se、As、Hg 背景值较此类土壤基准值偏高,Sr、CaO、Cl 背景值较此类土壤基准值偏低,一定程度上是由土壤淋溶作用、毛细作用、植物吸附等表生作用形成。

(2) Corg、N、Br、I、TC 背景值较全区偏高,MgO、Hg、Se 背景值较全区偏低。

(3) 其余元素背景值与此类土壤基准值和全区背景值基本相当。

二、冲洪积物+次生黄土成土母质土壤背景值

此类成土母质主要分布在湟水河流域两侧的冲积平原、河流阶地及支流冲洪积扇上,由于湟水河两侧山区广泛分布黄土,经地表径流搬运后以次生黄土的形式与其他冲洪积物在特定部位沉积,形成该地区特有的成土母质。此类土壤基准值统计结果见表 6-3。

表 6-1 表层土壤样分布形态检验参数统计表

元素	平均值	众数	中位数	标准差	偏度	峰度	元素	平均值	众数	中位数	标准差	偏度	峰度
Ag	1.82	1.79	1.83	0.10	−0.55	26.57	Pb	1.35	1.36	1.35	0.07	1.61	63.76
As	1.13	1.08	1.12	0.13	0.45	10.41	Rb	2.00	2.00	2.00	0.06	−4.28	119.11
Au	0.14	0.15	0.14	0.18	1.46	13.85	S	2.71	2.33	2.68	0.36	1.25	4.34
B	1.74	1.75	1.75	0.10	−1.48	20.09	Sb	−0.02	0.00	−0.02	0.11	−0.17	4.72
Ba	2.70	2.71	2.70	0.06	−14.51	664.46	Sc	1.05	1.11	1.06	0.10	−1.18	7.08
Be	0.29	0.29	0.29	0.06	−0.70	9.85	Se	−0.76	−0.77	−0.76	0.17	0.01	2.88
Bi	−0.49	−0.51	−0.50	0.12	0.35	10.01	Sn	0.47	0.48	0.48	0.08	0.12	3.14
Br	0.66	0.78	0.67	0.26	−0.18	0.75	Sr	2.33	2.29	2.33	0.14	−0.22	14.38
Cd	2.24	2.23	2.25	0.14	−0.41	16.92	Th	1.06	1.05	1.06	0.08	−2.00	13.09
Ce	1.81	1.76	1.81	0.07	−3.61	72.93	Ti	3.57	3.57	3.57	0.09	−12.88	486.63
Cl	2.29	2.04	2.15	0.43	1.63	3.16	Tl	−0.22	−0.23	−0.22	0.07	0.05	4.43
Co	1.09	1.06	1.10	0.11	−0.94	7.45	U	0.38	0.34	0.38	0.10	4.43	132.71
Cr	1.84	1.88	1.84	0.13	1.62	17.93	V	1.90	2.00	1.90	0.10	−2.09	24.51
Cu	1.38	1.38	1.38	0.12	−0.69	9.38	W	0.25	0.20	0.24	0.12	1.20	13.15
F	2.75	2.78	2.76	0.09	−6.00	173.56	Y	1.35	1.36	1.36	0.06	−2.91	37.34
Ga	1.17	1.15	1.17	0.06	−2.10	26.64	Zn	1.84	1.81	1.84	0.09	−2.48	30.22
Ge	0.06	0.07	0.07	0.07	−0.93	3.17	Zr	2.32	2.31	2.32	0.08	−5.95	146.56
Hg	1.38	1.28	1.36	0.21	1.08	6.59	SiO$_2$	1.76	1.76	1.76	0.04	−14.03	612.04
I	0.35	0.29	0.37	0.21	−1.01	2.39	Al$_2$O$_3$	1.08	1.07	1.08	0.05	−3.06	54.52
La	1.52	1.52	1.53	0.06	−3.95	67.51	TFe$_2$O$_3$	0.64	0.64	0.65	0.09	−1.71	8.77
Li	1.56	1.59	1.57	0.09	−1.64	23.98	MgO	0.35	0.41	0.36	0.12	−0.28	4.59
Mn	2.81	2.78	2.81	0.10	−4.22	99.90	CaO	0.73	0.85	0.78	0.23	−0.69	−0.42
Mo	−0.11	−0.10	−0.09	0.14	−0.40	3.97	Na$_2$O	0.20	0.20	0.20	0.08	0.30	6.80
N	3.17	2.85	3.13	0.36	−0.12	0.03	K$_2$O	0.38	0.40	0.39	0.05	−1.37	14.19
Nb	1.11	1.10	1.12	0.06	−2.23	23.38	TC	0.49	0.51	0.47	0.21	−0.12	0.58
Ni	1.46	1.44	1.46	0.15	0.01	12.77	Corg	0.15	−0.18	0.13	0.42	−0.13	0.50
P	2.91	2.85	2.91	0.12	−2.57	52.11	pH	0.91	0.92	0.91	0.03	−5.60	143.17

表 6-2 冲洪积物成土母质土壤背景值统计表

元素	剔除下限	剔除上限	离差	偏度	峰度	背景值	基准值	全区背景值
Ag	35.00	106.00	13.13	0.14	2.69	67.55	57.24	66.00
As	5.93	20.64	2.48	−0.18	3.30	13.38	10.70	13.10
Au	0.15	2.40	0.39	0.41	3.25	1.23	1.24	1.30
B	28.60	90.30	10.71	−0.05	2.86	58.39	49.45	55.10
Ba	322.00	664.80	53.41	−0.27	3.47	492.21	482.43	503.60
Be	1.21	2.63	0.24	0.04	3.29	1.90	1.76	1.90
Bi	0.12	0.49	0.06	0.06	3.31	0.30	0.26	0.30
Br	0.27	20.48	4.52	0.91	3.19	6.99	3.85	4.50
Cd	51.00	270.20	38.13	0.03	2.74	157.51	113.25	172.20
Ce	38.66	86.27	8.70	−0.28	2.91	64.35	59.54	63.90
Cl	39.70	536.10	109.07	1.61	4.93	172.19	291.67	163.20
Co	5.30	17.30	2.05	−0.16	2.97	11.35	9.97	12.20
Cr	31.40	94.30	11.02	−0.29	2.38	63.74	55.33	67.30
Cu	9.09	34.10	4.24	−0.18	2.94	21.54	19.35	23.60
F	290.00	787.00	86.12	−0.08	3.15	530.63	505.66	566.10
Ga	9.20	19.40	1.71	−0.31	3.29	14.31	13.27	14.70
Ge	0.83	1.60	0.13	0.02	3.08	1.21	1.25	1.20
Hg	3.08	39.10	6.13	0.25	3.27	20.79	16.68	23.50
I	0.24	6.20	1.29	0.28	2.17	2.67	1.61	2.20
La	21.80	43.00	3.55	−0.48	3.48	32.42	30.31	33.00
Li	19.14	49.60	5.16	0.18	3.67	34.13	31.27	36.30
Mn	272.00	960.00	119.94	−0.12	2.90	617.36	528.18	641.60
Mo	0.16	1.30	0.20	−0.04	2.50	0.72	0.67	0.80
N	108.00	6 596.02	1 508.82	0.67	2.57	2 303.86	452.41	1 464.80
Nb	8.30	16.90	1.46	−0.41	3.04	12.65	11.74	12.80
Ni	12.23	40.70	4.86	−0.24	2.83	26.14	21.85	28.10
P	358.00	1 319.20	164.86	−0.16	2.90	825.34	546.19	808.90
Pb	12.80	29.80	2.94	−0.25	2.97	21.20	20.16	22.00
Rb	58.10	136.00	12.99	0.11	3.39	97.19	91.17	99.40
S	61.00	1 175.60	224.28	0.38	2.71	508.22	316.00	469.70
Sb	0.43	1.55	0.19	0.07	3.20	0.99	0.89	0.90
Sc	4.96	15.12	1.74	−0.26	2.92	10.07	8.84	11.10
Se	0.04	0.35	0.06	0.47	2.86	0.17	0.13	0.20
Sn	1.40	4.50	0.53	0.08	2.80	2.94	2.71	2.90

续表 6-2

元素	剔除下限	剔除上限	离差	偏度	峰度	背景值	基准值	全区背景值
Sr	103.90	329.20	45.63	0.38	2.57	193.04	228.92	209.60
Th	6.60	15.30	1.53	−0.56	3.52	11.18	10.44	11.30
Ti	2 199.30	4 866.00	458.56	−0.35	3.34	3 574.01	3 192.80	3 678.60
Tl	0.36	0.85	0.09	0.03	2.96	0.59	0.58	0.60
U	1.16	3.44	0.40	0.25	3.56	2.25	2.27	2.40
V	37.88	107.00	11.75	−0.24	3.09	73.00	65.84	78.90
W	0.86	2.68	0.31	0.07	3.48	1.75	1.50	1.70
Y	13.70	31.80	3.09	−0.12	3.04	22.59	20.50	22.50
Zn	33.30	98.40	11.01	−0.19	3.17	65.77	54.89	68.40
Zr	135.60	292.00	26.77	0.01	3.10	214.93	204.60	206.80
SiO_2	47.28	71.55	4.11	0.01	3.10	59.47	61.18	57.70
Al_2O_3	9.29	14.22	0.83	−0.13	3.26	11.78	11.24	12.00
TFe_2O_3	2.26	5.86	0.63	−0.29	2.87	4.15	3.72	4.40
MgO	0.80	3.16	0.41	0.27	3.20	1.97	2.01	2.20
CaO	1.22	10.52	1.84	0.18	2.77	5.19	6.25	5.30
Na_2O	1.05	2.35	0.23	−0.09	2.35	1.70	1.79	1.60
K_2O	1.72	2.98	0.22	0.11	3.35	2.36	2.24	2.40
Corg	0.06	6.97	1.64	0.86	2.90	2.29	0.36	1.40
TC	0.38	8.50	1.70	0.65	2.77	3.45	1.66	3.10

表 6-3 冲洪积物＋黄土成土母质土壤背景值统计表

元素	剔除下限	剔除上限	离差	偏度	峰度	背景值	基准值	全区背景值
Ag	42.00	96.00	11.79	0.26	2.65	63.26	59.79	66.00
As	8.10	17.21	1.64	0.17	2.69	12.38	12.29	13.10
Au	0.34	2.50	0.38	0.22	2.66	1.38	1.45	1.30
B	35.20	72.70	7.19	0.13	2.62	52.91	54.50	55.10
Ba	410.00	608.00	34.08	0.52	2.97	506.77	489.38	503.60
Be	1.61	2.34	0.13	0.12	3.00	1.98	1.95	1.90
Bi	0.20	0.48	0.05	0.58	3.06	0.32	0.30	0.30
Br	1.25	6.79	1.02	0.39	3.10	3.79	3.81	4.50
Cd	110.00	292.20	33.39	0.57	3.23	193.50	151.02	172.20
Ce	45.00	88.00	8.34	−0.25	2.45	65.23	64.56	63.90
Cl	58.80	643.00	116.43	2.20	7.50	160.08	297.15	163.20
Co	8.57	16.38	1.37	0.03	2.97	12.37	12.51	12.20
Cr	45.50	98.30	9.52	−0.28	2.42	70.22	69.56	67.30

续表 6-3

元素	剔除下限	剔除上限	离差	偏度	峰度	背景值	基准值	全区背景值
Cu	17.50	32.07	2.60	0.44	3.14	24.77	24.37	23.60
F	399.00	805.00	63.95	0.17	3.13	603.83	621.52	566.10
Ga	11.60	17.70	0.99	0.20	3.69	14.63	14.46	14.70
Ge	0.77	1.54	0.14	−0.13	2.65	1.18	1.16	1.20
Hg	8.69	70.29	13.16	1.04	3.48	30.46	18.16	23.50
I	0.91	4.23	0.61	0.46	2.92	2.41	2.23	2.20
La	28.39	40.42	2.04	0.20	3.24	34.42	32.86	33.00
Li	28.60	45.50	2.86	0.12	3.36	36.96	36.15	36.30
Mn	505.67	754.13	43.23	0.28	3.24	628.01	617.63	641.60
Mo	0.56	1.23	0.12	0.26	3.43	0.89	0.91	0.80
N	254.73	1 876.00	313.07	0.51	3.03	949.89	626.56	1 464.80
Nb	11.40	16.00	0.81	0.21	2.82	13.57	13.84	12.80
Ni	20.93	36.65	2.70	0.36	3.10	28.70	28.10	28.10
P	519.90	1 306.20	155.59	0.45	2.79	848.56	670.62	808.90
Pb	17.00	29.50	2.25	0.46	3.05	22.78	21.31	22.00
Rb	80.90	118.30	6.73	0.19	2.97	98.81	99.23	99.40
S	123.00	653.00	102.89	1.14	4.22	319.65	450.37	469.70
Sb	0.55	1.32	0.15	0.45	2.74	0.90	0.90	0.90
Sc	8.61	15.00	1.09	0.35	2.96	11.85	11.81	11.10
Se	0.06	0.30	0.04	0.59	3.21	0.18	0.15	0.20
Sn	1.70	4.50	0.48	−0.10	2.70	3.02	3.13	2.90
Sr	122.90	459.80	49.49	0.34	4.38	244.07	254.86	209.60
Th	8.10	14.48	1.12	−0.22	3.28	11.44	11.31	11.30
Ti	2 823.80	4 574.00	298.11	0.03	2.99	3 695.52	3 652.81	3 678.60
Tl	0.47	0.77	0.06	−0.05	2.73	0.62	0.62	0.60
U	1.74	3.20	0.26	0.41	2.68	2.44	2.47	2.40
V	58.62	97.16	6.60	0.25	3.22	77.67	77.51	78.90
W	1.09	2.27	0.21	0.10	2.88	1.66	1.67	1.70
Y	19.30	27.60	1.36	0.44	4.12	23.49	23.43	22.50
Zn	47.30	88.60	7.18	0.27	3.17	68.79	65.85	68.40
Zr	172.40	255.80	14.16	0.12	3.21	214.08	211.53	206.80
SiO_2	48.76	64.33	2.80	0.39	2.49	56.71	56.63	57.70
Al_2O_3	9.27	14.46	0.92	0.34	3.04	11.67	11.65	12.00
TFe_2O_3	3.52	5.33	0.30	0.29	3.41	4.42	4.38	4.40
MgO	1.86	3.35	0.26	0.17	2.83	2.57	2.59	2.20

续表 6-3

元素	剔除下限	剔除上限	离差	偏度	峰度	背景值	基准值	全区背景值
CaO	4.95	11.49	1.21	−0.99	3.74	8.56	8.48	5.30
Na$_2$O	0.91	1.89	0.17	0.84	3.87	1.40	1.45	1.60
K$_2$O	1.97	2.96	0.17	−0.25	3.00	2.46	2.41	2.40
Corg	0.14	2.39	0.43	0.77	3.45	1.01	0.56	1.40
TC	1.58	4.18	0.45	0.33	2.98	2.82	2.43	3.10

（1）Corg、TC、N、P、Hg、Cd、Se 背景值较此类土壤基准值偏高，S、Cl 背景值较基准值偏低。
（2）CaO、Hg、MgO、Sr、Cd 背景值较全区偏高，Na$_2$O、Br、Corg、S、N 背景值较全区偏低。
（3）其余元素背景值与此类土壤基准值和全区背景值基本相当。

三、风积物成土母质土壤背景值

风积物分为风成沙和风成黄土，风成沙主要分布在日月山以西的青海湖盆地北缘和共和盆地，风成黄土在日月山以东地区广泛分布。以风成物为母质的土壤基准值统计结果见表 6-4。

表 6-4　风积物成土母质土壤背景值统计表

元素	剔除下限	剔除上限	离差	偏度	峰度	背景值	基准值	全区背景值
Ag	29.00	69.00	8.11	0.44	3.43	43.51	45.71	66.00
As	3.17	9.71	1.92	1.09	2.72	5.09	5.26	13.10
Au	0.33	1.30	0.23	0.54	2.83	0.71	0.54	1.30
B	14.30	39.80	5.10	0.32	3.01	24.93	26.59	55.10
Ba	324.00	518.10	49.87	−1.07	3.30	449.07	445.65	503.60
Be	0.86	1.76	0.18	0.91	3.84	1.17	1.17	1.90
Bi	0.08	0.19	0.03	0.84	2.48	0.12	0.14	0.30
Br	0.70	6.45	1.07	3.11	12.96	1.33	0.99	4.50
Cd	40.83	124.79	16.39	0.90	4.29	76.74	72.72	172.20
Ce	25.42	54.39	5.82	0.54	3.52	38.04	39.20	63.90
Cl	31.20	61.70	6.96	1.35	4.31	41.42	71.75	163.20
Co	2.60	8.21	1.38	0.99	2.97	4.39	4.57	12.20
Cr	18.70	54.50	7.07	0.21	3.24	34.52	35.57	67.30
Cu	2.48	13.93	2.23	0.55	3.24	8.09	9.02	23.60
F	203.00	385.00	40.52	0.64	3.13	270.59	276.94	566.10
Ga	6.50	13.10	1.39	1.06	3.88	9.14	8.82	14.70
Ge	0.84	1.44	0.13	0.66	3.12	1.11	1.11	1.20
Hg	5.01	20.58	2.93	0.75	4.07	11.18	12.65	23.50

续表 6-4

元素	剔除下限	剔除上限	离差	偏度	峰度	背景值	基准值	全区背景值
I	0.05	1.11	0.22	0.82	3.64	0.50	0.44	2.20
La	14.22	25.16	2.47	0.27	2.64	18.87	20.36	33.00
Li	4.29	24.50	4.00	0.49	3.23	15.84	16.29	36.30
Mn	89.44	436.40	67.50	0.12	3.24	277.23	278.61	641.60
Mo	0.27	0.64	0.10	0.74	2.40	0.38	0.38	0.80
N	170.00	1 186.54	249.82	1.78	5.17	399.84	270.56	1 464.80
Nb	5.40	10.70	1.19	0.62	3.05	7.43	7.89	12.80
Ni	4.97	18.00	3.84	1.12	2.84	9.09	9.02	28.10
P	208.26	597.42	82.87	1.29	4.55	311.09	307.61	808.90
Pb	10.20	20.10	1.94	0.49	3.69	14.32	14.39	22.00
Rb	45.40	76.60	6.52	0.30	3.23	60.29	60.64	99.40
S	58.00	227.20	30.50	1.22	5.98	105.94	110.72	469.70
Sb	0.32	0.95	0.17	1.52	4.03	0.47	0.45	0.90
Sc	1.39	7.20	1.10	0.33	3.38	4.44	4.52	11.10
Se	0.04	0.10	0.02	1.51	4.68	0.05	0.05	0.20
Sn	1.40	3.00	0.33	0.62	3.06	2.05	2.19	2.90
Sr	152.30	260.40	25.31	0.53	2.58	195.37	198.78	209.60
Th	3.27	8.43	1.13	0.76	3.12	5.10	5.41	11.30
Ti	977.40	2 776.50	424.63	0.60	2.73	1 675.42	1 733.63	3 678.60
Tl	0.33	0.58	0.06	0.57	2.68	0.43	0.43	0.60
U	0.85	2.27	0.23	2.15	10.06	1.16	1.34	2.40
V	9.18	50.60	9.50	0.89	2.88	28.38	28.94	78.90
W	0.35	1.27	0.22	0.54	2.56	0.75	0.77	1.70
Y	8.90	18.50	2.14	0.46	2.80	12.83	13.14	22.50
Zn	16.00	46.80	8.33	1.17	3.10	26.11	25.38	68.40
Zr	64.70	191.60	32.50	0.47	2.36	114.96	133.20	206.80
SiO_2	57.52	78.70	4.55	−0.37	3.04	70.37	70.48	57.70
Al_2O_3	6.48	11.14	0.98	0.84	3.05	8.29	8.32	12.00
TFe_2O_3	1.17	2.98	0.51	1.07	2.83	1.77	1.82	4.40
MgO	0.24	1.69	0.26	0.94	4.66	0.87	0.94	2.20
CaO	2.35	8.75	1.68	0.28	2.05	5.23	5.38	5.30
Na_2O	1.70	2.12	0.11	−0.34	2.19	1.95	1.94	1.60
K_2O	1.40	2.30	0.16	0.52	4.08	1.74	1.73	2.40
Corg	0.00	1.07	0.27	1.88	5.52	0.22	0.11	1.40
TC	0.38	2.71	0.56	0.48	2.49	1.30	1.20	3.10

(1) Corg、N、Br、Au、I 背景值较此类土壤基准值偏高，Cu、Hg、U、Bi、Zr、Cl 背景值较其基准值偏低。

(2) Na$_2$O、SiO$_2$ 背景值较全区显著偏高，风成物质中含有较多的石英、长石导致以风成物为母质土壤中 Na$_2$O、SiO$_2$ 含量相对其他类型土壤明显偏高。

(3) 除 CaO、Sr、Ge、Ba 背景值与全区相当外，其余元素背景值较全区明显偏低，尤其以 Br、N、Se、Cl、I、S、Corg 最为显著。

四、湖积物＋沼泽堆积物成土母质土壤背景值

湖积物一般在湖滨浅水地带以颗粒较粗的砂砾沉积为主，在湖心深水地带以细粒的粉砂、黏土沉积为主。沼泽堆积物以灰色—灰黑色含腐殖质淤泥为主，夹薄层黄褐色—红褐色含碎石黏砂，厚 0～40m。此类土壤背景值和基准值统计结果见表 6-5。

表 6-5 湖积物＋沼泽堆积物成土母质土壤背景值统计表

元素	剔除下限	剔除上限	离差	偏度	峰度	背景值	基准值	全区背景值
Ag	33.00	75.00	8.80	0.46	2.87	51.78	52.32	66.00
As	3.37	20.92	2.95	0.76	5.09	11.19	9.51	13.10
Au	0.33	1.70	0.28	−0.31	3.08	1.02	1.15	1.30
B	17.90	84.40	11.99	0.22	3.25	46.71	44.23	55.10
Ba	320.00	527.60	41.51	0.60	2.92	417.64	415.50	503.60
Be	1.01	1.97	0.19	−0.34	3.47	1.54	1.54	1.90
Bi	0.08	0.36	0.05	−0.02	3.56	0.21	0.20	0.30
Br	0.63	20.74	4.78	2.09	6.51	4.32	2.99	4.50
Cd	54.88	170.20	24.41	0.59	2.79	104.23	90.81	172.20
Ce	28.41	69.79	7.89	−0.01	3.21	51.75	49.51	63.90
Cl	30.10	354.10	72.11	1.22	3.89	124.76	319.93	163.20
Co	2.73	13.18	2.06	−0.37	3.60	8.43	8.26	12.20
Cr	25.20	84.10	11.47	0.82	3.53	50.07	48.50	67.30
Cu	6.21	26.56	3.78	0.16	3.63	15.42	15.29	23.60
F	231.00	673.00	86.92	0.45	3.53	420.91	408.93	566.10
Ga	7.70	17.40	2.20	−0.02	2.38	12.27	11.90	14.70
Ge	0.87	1.39	0.09	−0.80	3.92	1.18	1.25	1.20
Hg	6.00	29.60	4.49	−0.39	3.39	18.44	18.07	23.50
I	0.22	3.45	0.78	1.27	3.74	1.16	1.14	2.20
La	14.05	34.00	4.17	−0.83	3.70	26.57	26.25	33.00
Li	12.63	39.70	5.23	−0.26	4.24	26.80	27.17	36.30
Mn	186.50	756.04	109.59	0.56	3.30	443.53	421.29	641.60

续表 6-5

元素	剔除下限	剔除上限	离差	偏度	峰度	背景值	基准值	全区背景值
Mo	0.24	0.69	0.09	0.65	2.94	0.43	0.51	0.80
N	229.71	3 097.29	696.83	1.09	3.44	988.76	511.30	1 464.80
Nb	5.80	13.50	1.75	−0.72	3.03	10.46	10.49	12.80
Ni	5.70	29.46	4.71	−0.45	3.82	18.68	17.86	28.10
P	223.41	1 021.18	151.85	0.22	3.37	599.87	500.41	808.90
Pb	10.90	22.50	2.29	0.45	2.83	16.85	16.97	22.00
Rb	54.10	99.30	9.10	−0.11	3.19	77.11	77.61	99.40
S	68.00	2 425.50	408.35	2.18	8.37	396.63	348.69	469.70
Sb	0.37	1.55	0.22	−0.61	3.41	0.89	0.86	0.90
Sc	3.00	11.50	1.63	0.05	3.50	7.28	7.11	11.10
Se	0.05	0.38	0.07	1.99	6.43	0.12	0.11	0.20
Sn	1.60	3.80	0.47	0.47	2.82	2.57	2.28	2.90
Sr	153.90	349.00	38.95	2.03	7.12	201.59	213.83	209.60
Th	3.77	11.58	1.69	−1.11	4.05	8.86	8.83	11.30
Ti	1 339.50	3 703.80	486.79	−0.82	4.09	2 846.35	2 735.91	3 678.60
Tl	0.37	0.69	0.07	1.04	3.60	0.48	0.49	0.60
U	0.84	2.77	0.36	0.04	3.45	1.82	1.88	2.40
V	20.21	75.15	11.46	−1.05	4.39	54.95	52.89	78.90
W	0.49	2.12	0.32	−0.78	3.75	1.43	1.33	1.70
Y	9.90	24.20	3.00	−0.77	3.40	18.75	18.06	22.50
Zn	18.40	73.50	10.83	−0.62	3.79	49.09	47.15	68.40
Zr	62.60	314.00	56.09	−1.19	3.66	216.30	199.66	206.80
SiO_2	46.58	77.91	6.14	−1.27	4.22	64.96	64.09	57.70
Al_2O_3	7.26	12.37	1.16	−0.98	3.52	10.39	10.52	12.00
TFe_2O_3	1.22	4.90	0.69	−0.62	4.15	3.28	3.19	4.40
MgO	0.48	3.10	0.50	1.20	4.39	1.56	1.64	2.20
CaO	2.34	10.82	1.61	1.91	6.15	5.13	5.44	5.30
Na_2O	1.45	2.16	0.15	−1.44	4.78	1.95	1.94	1.60
K_2O	1.56	2.39	0.17	−0.35	3.21	2.03	2.05	2.40
Corg	0.06	3.42	0.80	1.37	4.29	0.91	0.41	1.40
TC	0.37	4.42	0.92	1.46	4.31	1.79	1.45	3.10

(1) Corg、N、Br、TC、P、As、Cd、S 背景值较此类土壤基准值偏高，尤其以 Corg 为甚；Au、Mo、Cl 背景值较此类土壤基准值偏低，其中 Cl 较基准值明显偏低；其余元素背景值与基准值基本相当。

(2) Na_2O、SiO_2 背景值较全区偏高；除 Zr、Sb、Ge、CaO、Sr、Br 背景值与全区相当外，其余元素背景值明显偏低。

第三节　沉积岩风化物成土母质土壤背景值

沉积岩风化物成土母质主要包括红色碎屑岩风化物和碎屑岩风化物。

一、红色碎屑岩风化物成土母质土壤背景值

红色碎屑岩风化物是指咸水滨湖相—咸水湖泊相沉积碎屑岩-膏盐建造的第三系岩石风化物，此类岩性脆弱，风化速度快，易侵蚀。风化物多呈红色、棕红色、黄褐色或暗黄色，质地较轻、黏度大、紧实、通透性较差、碳酸钙含量较高。风化物多发育成栗钙土和淡栗钙土。此类土壤基准值统计结果见表6-6。

表6-6　红色碎屑岩风化物成土母质土壤背景值统计表

元素	剔除下限	剔除上限	离差	偏度	峰度	背景值	基准值	全区背景值
Ag	42.00	95.00	9.71	0.38	2.99	66.71	65.71	66.00
As	6.27	22.83	2.74	0.30	3.53	14.48	13.98	13.10
Au	0.47	2.90	0.43	0.49	3.06	1.62	1.66	1.30
B	24.90	94.60	11.40	0.42	3.33	59.64	59.79	55.10
Ba	371.00	644.00	45.39	0.12	3.34	507.41	505.07	503.60
Be	1.37	2.61	0.21	0.51	3.19	1.97	1.97	1.90
Bi	0.18	0.55	0.07	0.67	3.42	0.34	0.33	0.30
Br	0.61	9.36	1.81	0.66	3.06	3.87	3.69	4.50
Cd	72.00	264.00	34.55	0.22	2.91	162.00	134.41	172.20
Ce	46.08	78.65	5.65	0.12	3.30	62.22	61.52	63.90
Cl	38.30	579.70	123.94	1.37	3.97	190.02	491.69	163.20
Co	5.19	19.70	2.44	0.40	3.01	12.39	12.62	12.20
Cr	25.70	105.00	13.31	0.62	3.54	65.25	65.52	67.30
Cu	7.90	42.40	5.88	0.50	3.17	24.90	25.63	23.60
F	375.00	800.00	72.28	0.02	3.33	585.18	583.15	566.10
Ga	10.20	20.60	1.82	0.09	3.01	15.27	15.30	14.70
Ge	0.84	1.62	0.14	0.22	3.09	1.20	1.31	1.20
Hg	5.27	39.10	6.20	0.43	2.92	21.15	16.16	23.50
I	0.49	4.14	0.73	0.35	2.66	1.96	1.64	2.20
La	24.90	41.10	2.77	0.05	3.18	33.01	32.39	33.00
Li	26.90	56.30	5.82	0.64	3.15	39.15	40.79	36.30
Mn	319.00	1 008.00	118.63	0.27	2.93	654.70	656.30	641.60
Mo	0.20	1.25	0.18	−0.09	3.20	0.72	0.75	0.80

续表 6-6

元素	剔除下限	剔除上限	离差	偏度	峰度	背景值	基准值	全区背景值
N	143.00	3 474.00	756.36	1.04	3.40	1 208.12	571.74	1 464.80
Nb	8.90	16.80	1.34	−0.16	3.28	12.83	12.78	12.80
Ni	7.50	53.00	7.71	0.65	3.47	29.70	29.16	28.10
P	296.00	1 220.00	159.94	0.50	3.29	744.50	640.75	808.90
Pb	14.90	30.50	2.65	0.20	3.15	22.55	22.58	22.00
Rb	67.30	141.00	12.32	0.39	3.37	104.11	100.91	99.40
S	81.00	874.00	163.49	0.89	3.32	377.92	699.42	469.70
Sb	0.51	1.69	0.20	0.13	3.43	1.10	1.08	0.90
Sc	4.88	17.52	2.20	0.37	2.96	10.94	11.19	11.10
Se	0.04	0.27	0.04	0.20	3.18	0.15	0.14	0.20
Sn	1.80	4.40	0.47	0.45	3.27	2.95	2.96	2.90
Sr	101.60	367.40	46.31	0.44	3.06	228.80	250.52	209.60
Th	7.60	16.20	1.46	0.19	3.34	11.87	11.92	11.30
Ti	2 446.00	4 929.00	423.74	−0.09	3.14	3 662.00	3 670.44	3 678.60
Tl	0.38	0.86	0.08	0.54	3.30	0.62	0.63	0.60
U	1.47	3.58	0.38	0.51	3.08	2.45	2.55	2.40
V	39.10	130.00	15.57	0.38	3.04	83.39	85.24	78.90
W	0.88	2.78	0.33	0.53	3.25	1.78	1.72	1.70
Y	16.80	28.30	1.97	−0.25	3.04	22.58	22.20	22.50
Zn	38.20	101.00	10.66	0.02	3.13	69.72	68.14	68.40
Zr	120.00	295.00	29.02	−0.19	3.39	206.59	200.49	206.80
SiO_2	47.55	68.05	3.48	0.05	3.31	57.98	57.85	57.70
Al_2O_3	9.76	14.87	0.87	0.16	2.89	12.39	12.44	12.00
TFe_2O_3	2.32	6.54	0.72	0.22	2.92	4.38	4.49	4.40
MgO	0.98	3.69	0.46	0.43	3.48	2.28	2.49	2.20
CaO	1.64	11.24	1.69	−0.33	2.76	6.26	6.66	5.30
Na_2O	0.92	2.42	0.26	−0.02	3.31	1.68	1.76	1.60
K_2O	1.94	3.13	0.21	0.32	3.23	2.51	2.47	2.40
Corg	0.06	3.19	0.70	0.94	3.30	1.09	0.46	1.40
TC	0.48	4.81	0.82	0.45	2.95	2.39	1.76	3.10

(1)Corg、N、TC、Hg、Cd、I、P 背景值较此类土壤基准值偏高;S、Cl 背景值较此类土壤基准值明显偏低;其余元素背景值与基准值基本相当。

(2)Au、Sb、CaO、Cl、Bi、As 背景值较全区偏高;Hg、Mo、I、Br、N、S、Corg、TC、Se 背景值较全区偏低;其余元素背景值与全区基本相当。

二、红色碎屑岩风化物+黄土成土母质土壤背景值

拉脊山以北的西宁盆地、民和盆地及其周边山区广泛出露第三系西宁组红色岩系,同时该地区也是风成黄土的主要沉降区。陡坡地带黄土厚度较薄,厚度在 0.2~2m 之间,甚至第三系地层裸露;沟谷地带黄土和第三系地层风化物混合堆积。因此,红色碎屑岩风化物和黄土在分布上具有重叠性和二元结构,在此基础上发育的土壤具有二者地球化学承袭性。此类土壤背景值和基准值统计结果见表 6-7。

表 6-7 红色碎屑岩风化物+黄土成土母质土壤背景值统计表

元素	剔除下限	剔除上限	离差	偏度	峰度	背景值	基准值	全区背景值
Ag	42.00	93.00	11.06	0.24	2.52	61.05	57.92	66.00
As	8.30	17.32	1.69	0.23	2.78	12.56	12.38	13.10
Au	0.52	3.40	0.42	0.94	4.64	1.40	1.46	1.30
B	33.70	77.80	7.91	0.28	2.90	53.93	56.29	55.10
Ba	393.40	590.30	32.35	0.43	3.49	491.45	485.15	503.60
Be	1.55	2.34	0.14	0.28	3.19	1.94	1.95	1.90
Bi	0.20	0.43	0.04	0.58	3.21	0.31	0.29	0.30
Br	1.09	7.99	1.36	0.64	3.18	3.97	3.73	4.50
Cd	102.41	274.00	30.07	0.53	3.20	183.66	152.64	172.20
Ce	42.12	88.06	8.31	−0.05	2.38	63.68	62.21	63.90
Cl	68.80	305.00	57.51	1.50	4.35	131.65	354.30	163.20
Co	8.18	16.69	1.44	0.18	2.94	12.36	12.62	12.20
Cr	39.60	100.60	10.18	−0.07	2.50	70.09	69.58	67.30
Cu	17.70	33.40	2.93	0.51	3.11	24.67	24.43	23.60
F	440.00	788.00	61.26	0.17	2.93	612.26	633.37	566.10
Ga	11.80	17.40	0.95	0.16	3.41	14.57	14.41	14.70
Ge	0.77	1.55	0.13	−0.19	2.67	1.16	1.18	1.20
Hg	7.05	44.00	7.33	0.81	3.22	22.00	16.46	23.50
I	0.70	4.57	0.70	0.43	2.87	2.48	2.26	2.20
La	26.92	40.17	2.29	0.08	3.12	33.75	32.24	33.00
Li	27.60	47.80	3.43	0.40	3.32	37.63	36.92	36.30
Mn	476.00	764.37	48.40	0.34	3.46	620.90	613.13	641.60
Mo	0.57	1.31	0.14	0.48	3.09	0.91	0.95	0.80
N	241.00	1 630.27	281.07	0.55	2.85	802.40	556.53	1 464.80
Nb	10.80	15.90	0.86	−0.10	3.43	13.34	13.83	12.80
Ni	19.70	38.40	3.16	0.37	3.32	28.95	28.64	28.10
P	386.20	1 119.38	125.62	0.62	3.07	743.29	643.75	808.90

续表6-7

元素	剔除下限	剔除上限	离差	偏度	峰度	背景值	基准值	全区背景值
Pb	16.60	29.90	2.34	0.54	3.18	22.20	21.25	22.00
Rb	77.40	118.40	6.90	0.15	3.12	97.92	100.09	99.40
S	99.00	814.00	153.08	1.27	4.07	328.40	791.24	469.70
Sb	0.53	1.33	0.14	0.23	2.63	0.90	0.90	0.90
Sc	8.26	15.68	1.25	0.18	3.18	11.92	12.02	11.10
Se	0.07	0.29	0.04	0.60	3.10	0.18	0.15	0.20
Sn	1.70	4.30	0.46	0.03	2.64	2.95	3.04	2.90
Sr	131.00	423.00	51.25	0.17	3.35	268.62	284.22	209.60
Th	7.69	14.76	1.21	−0.29	2.82	11.26	11.26	11.30
Ti	2 831.50	4 456.80	280.34	0.11	2.88	3 630.39	3 600.47	3 678.60
Tl	0.45	0.78	0.06	0.11	3.18	0.61	0.61	0.60
U	1.70	3.32	0.29	0.26	2.71	2.45	2.55	2.40
V	47.33	111.41	8.48	0.67	4.76	78.08	77.28	78.90
W	0.96	2.32	0.22	0.21	3.36	1.61	1.65	1.70
Y	18.30	27.60	1.32	0.00	4.92	22.97	23.22	22.50
Zn	45.80	88.50	7.29	0.40	3.46	66.79	65.83	68.40
Zr	161.80	257.40	16.39	−0.01	3.38	208.22	206.73	206.80
SiO_2	46.89	64.12	2.84	0.17	3.14	55.48	55.90	57.70
Al_2O_3	8.99	14.03	0.85	0.27	3.16	11.48	11.56	12.00
TFe_2O_3	3.16	5.75	0.38	0.61	4.51	4.41	4.34	4.40
MgO	1.93	3.49	0.28	0.44	3.20	2.66	2.70	2.20
CaO	6.31	11.91	0.94	−0.26	3.67	9.13	9.05	5.30
Na_2O	0.82	1.96	0.19	0.03	3.27	1.39	1.50	1.60
K_2O	2.02	2.93	0.17	0.19	2.78	2.43	2.41	2.40
Corg	0.10	1.68	0.31	0.53	2.96	0.75	0.48	1.40
TC	1.60	3.96	0.42	0.36	2.96	2.69	2.40	3.10

(1)Corg、N、Hg、Cd、P、Se、TC背景值较此类土壤基准值偏高；S、Cl背景值较此类土壤基准值明显偏低，且二者呈右偏态分布；其余元素背景值与基准值基本相当。

(2)CaO、Sr、MgO、Mo、I背景值较全区偏高；Se、Br、Na_2O、TC、Cl、S、N、Corg背景值较全区明显偏低；其余元素背景值与全区基本相当。

三、碎屑岩风化物成土母质土壤背景值

碎屑岩风化物是指古生代、中生代沉积碎屑岩所形成的各类风化残积物，此类风化物以石英、长石、岩屑为主，抗风化能力强，含有较多碎石，质地较轻，土壤疏松，通透性好，土体较浅薄。此类土壤背景值

和基准值统计结果见表 6-8。

表 6-8 碎屑岩风化物成土母质土壤背景值统计表

元素	剔除下限	剔除上限	离差	偏度	峰度	背景值	基准值	全区背景值
Ag	37.00	106.00	12.63	0.26	2.89	70.11	65.60	66.00
As	6.53	20.93	2.40	0.11	3.57	13.74	13.63	13.10
Au	0.41	2.50	0.37	0.57	3.49	1.41	1.41	1.30
B	34.40	83.30	8.69	0.09	2.85	57.88	54.96	55.10
Ba	390.00	642.70	41.95	−0.09	3.26	516.59	509.62	503.60
Be	1.39	2.57	0.20	−0.08	2.94	1.97	2.03	1.90
Bi	0.18	0.48	0.05	0.10	3.07	0.33	0.33	0.30
Br	0.58	12.00	2.16	0.29	3.04	5.34	4.34	4.50
Cd	67.00	326.80	47.59	0.45	3.10	183.64	137.31	172.20
Ce	44.34	84.08	6.93	−0.15	3.35	64.92	66.09	63.90
Cl	46.70	1 110.50	142.96	3.36	16.25	176.72	175.68	163.20
Co	7.19	18.50	1.92	0.08	3.35	12.72	13.32	12.20
Cr	46.60	89.30	7.34	−0.23	3.15	68.73	68.61	67.30
Cu	12.60	36.00	3.94	0.11	3.32	24.32	25.26	23.60
F	385.00	750.00	61.54	−0.18	3.35	566.20	587.80	566.10
Ga	10.20	19.80	1.67	−0.01	2.80	15.00	15.37	14.70
Ge	0.47	1.74	0.22	−0.21	2.83	1.08	1.27	1.20
Hg	5.04	61.10	10.62	0.37	2.77	29.37	19.16	23.50
I	0.22	4.98	0.88	0.34	3.33	2.31	1.89	2.20
La	24.40	42.80	3.15	−0.18	3.45	33.59	34.06	33.00
Li	24.80	50.70	4.55	0.04	2.95	37.18	38.95	36.30
Mn	360.00	978.00	104.18	−0.05	3.33	669.43	676.08	641.60
Mo	0.27	1.29	0.17	−0.40	3.60	0.78	0.76	0.80
N	165.00	7 820.00	1 786.58	0.30	2.04	2 882.06	1 001.05	1 464.80
Nb	8.10	16.90	1.52	−0.19	3.10	12.52	13.23	12.80
Ni	17.70	41.40	4.06	−0.02	3.19	29.27	28.98	28.10
P	374.00	1 518.00	212.25	0.11	2.59	895.05	671.48	808.90
Pb	14.30	31.40	2.87	0.11	3.10	22.80	23.15	22.00
Rb	74.00	132.00	9.77	−0.14	2.95	102.97	102.95	99.40
S	72.00	1 519.00	298.88	0.65	2.91	601.41	364.72	469.70
Sb	0.43	1.53	0.19	0.61	3.53	0.98	1.05	0.90
Sc	6.58	16.10	1.64	−0.27	3.34	11.49	11.66	11.10
Se	0.04	0.35	0.06	0.33	3.36	0.18	0.15	0.20
Sn	1.70	4.20	0.43	0.12	2.71	2.93	2.98	2.90

续表 6-8

元素	剔除下限	剔除上限	离差	偏度	峰度	背景值	基准值	全区背景值
Sr	98.20	398.70	57.32	1.08	3.93	199.58	224.41	209.60
Th	7.20	16.00	1.25	−0.18	4.29	11.53	11.80	11.30
Ti	2 783.00	4 889.00	361.63	−0.29	3.01	3 857.35	3 809.42	3 678.60
Tl	0.43	0.78	0.06	−0.14	2.93	0.60	0.64	0.60
U	1.39	3.24	0.31	0.15	3.25	2.33	2.39	2.40
V	51.90	115.00	10.76	−0.09	3.06	82.97	84.21	78.90
W	0.95	2.78	0.31	0.10	3.14	1.86	1.80	1.70
Y	14.50	30.30	2.66	−0.05	3.06	22.36	23.21	22.50
Zn	34.10	117.00	12.00	−0.04	3.45	73.12	69.14	68.40
Zr	138.00	285.00	24.59	0.11	3.27	211.24	214.45	206.80
SiO_2	48.50	68.12	3.31	0.09	2.97	58.30	58.84	57.70
Al_2O_3	9.54	15.17	0.99	−0.11	2.58	12.47	12.75	12.00
TFe_2O_3	2.94	6.05	0.53	−0.20	3.21	4.51	4.59	4.40
MgO	1.17	3.09	0.34	0.28	3.17	2.09	2.28	2.20
CaO	1.06	11.03	2.37	0.46	2.17	4.78	5.92	5.30
Na_2O	1.03	2.14	0.19	0.05	3.14	1.58	1.69	1.60
K_2O	1.94	2.99	0.18	−0.13	2.92	2.49	2.49	2.40
Corg	0.09	9.58	2.12	0.56	2.52	3.12	0.93	1.40
TC	0.49	9.95	1.95	0.50	2.60	4.23	2.25	3.10

(1) Corg、N、TC、S、Hg、Cd、P、Se、Br 背景值较此类土壤基准值偏高；Sr、Ge、CaO 背景值较此类土壤基准值偏低；其余元素背景值与其基准值基本相当。

(2) Corg、N、TC、S、Hg、Br 背景值较全区偏高；Ge 背景值较全区偏低；其余元素背景值与全区相当。

第四节　中基性火山岩风化物成土母质土壤基准值

中基性火山岩风化物是指早古生代半深海相中基性火山岩建造岩石风化物，主要沿达坂山和拉脊山呈条带状分布。由于中基性火山岩分布区为高海拔地区，岩石风化以物理风化为主，土壤发育缓慢，土壤中砾石较多，土壤质地黏重，富含盐基，矿物质元素丰富。此类土壤背景值和基准值统计结果见表 6-9。

表 6-9　中基性火山岩风化物成土母质土壤背景值统计表

元素	剔除下限	剔除上限	离差	偏度	峰度	背景值	基准值	全区背景值
Ag	48.00	118.00	13.04	0.25	3.14	79.70	73.84	66.00
As	9.27	29.78	3.98	1.03	3.95	16.65	21.65	13.10

续表 6-9

元素	剔除下限	剔除上限	离差	偏度	峰度	背景值	基准值	全区背景值
Au	0.48	4.70	0.84	1.40	4.54	1.83	2.66	1.30
B	20.10	82.30	10.50	−0.20	3.28	50.87	47.14	55.10
Ba	332.00	741.00	72.94	−0.17	3.30	540.07	483.30	503.60
Be	1.28	2.48	0.24	−0.51	3.10	2.00	1.93	1.90
Bi	0.17	0.51	0.06	0.04	3.22	0.33	0.27	0.30
Br	1.76	9.80	1.41	−0.02	3.34	5.74	4.08	4.50
Cd	98.00	372.00	51.92	0.21	3.10	237.97	153.64	172.20
Ce	38.93	85.50	7.97	−0.43	3.53	63.08	59.79	63.90
Cl	53.00	280.70	37.24	1.34	5.58	122.21	99.91	163.20
Co	11.64	34.20	5.05	0.96	3.27	19.67	24.79	12.20
Cr	72.40	596.00	104.24	1.93	6.60	159.08	223.25	67.30
Cu	20.80	59.70	8.52	0.63	2.63	35.74	46.65	23.60
F	410.00	739.00	55.26	0.03	3.49	574.19	542.11	566.10
Ga	11.50	20.70	1.60	0.05	2.94	15.88	16.42	14.70
Ge	0.53	1.52	0.20	0.08	2.79	1.03	1.33	1.20
Hg	13.19	78.80	13.56	0.40	2.86	39.30	28.91	23.50
I	0.84	4.67	0.64	−0.07	3.26	2.74	1.88	2.20
La	21.60	42.70	3.97	−0.37	3.37	32.58	29.63	33.00
Li	22.80	49.10	4.74	−0.35	3.16	36.80	33.84	36.30
Mn	580.37	1 148.00	120.75	0.06	2.73	858.11	959.37	641.60
Mo	0.53	1.35	0.14	0.23	3.41	0.92	0.84	0.80
N	36.00	7 005.00	1 481.86	−0.07	2.41	3 550.13	1 151.39	1 464.80
Nb	8.90	18.30	1.86	0.21	2.65	13.25	13.48	12.80
Ni	27.15	124.00	22.39	1.18	3.68	55.14	83.71	28.10
P	497.00	1 626.00	201.99	0.04	3.13	1 031.26	800.04	808.90
Pb	13.80	31.00	3.22	−0.31	3.19	22.68	19.89	22.00
Rb	62.10	127.00	13.12	−0.54	3.19	99.66	86.19	99.40
S	172.00	1 644.00	290.26	0.52	3.01	681.37	270.82	469.70
Sb	0.47	1.57	0.18	0.50	3.66	1.01	1.16	0.90
Sc	9.59	24.42	2.96	0.43	2.73	15.98	19.37	11.10
Se	0.07	0.41	0.06	0.55	3.10	0.24	0.18	0.20
Sn	1.50	4.30	0.53	−0.13	2.74	2.90	2.78	2.90
Sr	88.40	237.80	26.40	0.72	3.41	157.90	176.03	209.60
Th	6.30	15.60	1.66	−0.63	3.30	11.26	9.89	11.30

续表 6-9

元素	剔除下限	剔除上限	离差	偏度	峰度	背景值	基准值	全区背景值
Ti	3 482.00	5 761.00	452.80	0.45	3.00	4 517.74	4 668.72	3 678.60
Tl	0.33	0.80	0.09	−0.45	3.24	0.59	0.52	0.60
U	1.36	4.00	0.43	0.40	4.08	2.46	2.19	2.40
V	73.65	174.00	20.76	0.28	2.78	116.24	135.10	78.90
W	0.94	2.92	0.36	−0.09	3.07	1.89	1.59	1.70
Y	13.10	30.70	3.09	0.12	3.02	21.83	22.87	22.50
Zn	56.50	108.00	9.35	−0.19	3.14	84.36	78.05	68.40
Zr	117.00	233.00	24.53	−0.34	2.73	184.15	181.83	206.80
SiO_2	49.62	65.64	2.90	0.15	2.77	57.29	58.05	57.70
Al_2O_3	10.58	15.26	0.86	−0.55	3.13	13.09	13.32	12.00
TFe_2O_3	4.19	8.02	0.76	0.25	2.79	5.88	6.66	4.40
MgO	1.81	6.03	0.96	1.28	3.89	3.03	4.20	2.20
CaO	1.44	6.11	1.10	1.19	3.67	2.91	4.27	5.30
Na_2O	0.94	2.12	0.20	0.05	2.97	1.54	1.63	1.60
K_2O	1.58	3.09	0.29	−0.79	3.73	2.42	2.23	2.40
Corg	0.22	8.34	1.73	0.06	2.61	3.96	1.30	1.40
TC	1.19	9.00	1.63	0.29	2.45	4.81	2.01	3.10

（1）N、Corg、S、TC、Cd、I、Br、Hg、Se、P、Cl、Bi、W、Rb、Pb、Th、U、Tl、Ba 背景值较此类土壤基准值偏高，其中 N、Corg、S、TC 背景值在其基准值 2 倍以上。

（2）Sr、Mn、TFe_2O_3、Sb、V、Sc、Co、Ge、As、Cu、MgO、Cr、Au、CaO、Ni 背景值较此类土壤基准值偏低。

（3）其余元素背景值与其基准值基本相当。

（4）Corg、N、Cr、Ni 背景值较全区明显偏高，其背景值在全域 2 倍以上，Hg、Co、TC、Cu、V、S、Sc、Au、Cd、MgO、Mn、TFe_2O_3、P、Br、As、I、Zn、Ti、Se、Ag、Mo、Sb、W、Bi 背景值较全区偏高。

（5）Zr、Ge、Sr、Cl、CaO 背景值较全区偏低。

（6）其余元素背景值与全区基本相当。

第五节　中酸性侵入岩风化物成土母质土壤基准值

侵入岩风化物主要指以中酸性侵入岩为母质形成的风化残积物，在整个研究区零散分布。母岩主要有花岗闪长岩、二长花岗岩、钾长花岗岩、石英闪长岩等，此类岩石极易风化，风化物呈粒状结构，风化物中石英、长石含量较高，在此基础上发育的土壤土层疏松、通透性好、钾元素含量较高。此类土壤背景值和基准值统计结果见表 6-10。

表 6-10　中酸性侵入岩风化物成土母质土壤背景值统计表

元素	剔除下限	剔除上限	离差	偏度	峰度	背景值	基准值	全区背景值
Ag	35.00	107.00	12.48	0.13	2.89	71.99	67.61	66.00
As	5.97	20.31	2.49	0.30	3.22	13.33	11.92	13.10
Au	0.44	2.20	0.33	0.53	3.24	1.25	1.37	1.30
B	32.00	86.10	9.52	0.24	2.97	57.61	49.48	55.10
Ba	394.00	670.40	47.46	−0.07	2.50	529.96	526.59	503.60
Be	1.55	2.78	0.23	0.26	3.03	2.09	2.22	1.90
Bi	0.12	0.72	0.08	1.54	7.70	0.35	0.36	0.30
Br	1.12	14.47	2.55	0.98	3.90	6.48	4.42	4.50
Cd	71.96	320.00	42.07	0.38	3.05	190.59	155.17	172.20
Ce	48.87	96.03	8.25	0.05	2.79	71.52	76.23	63.90
Cl	54.90	344.20	53.83	1.37	5.19	148.40	156.40	163.20
Co	8.10	19.00	2.08	0.40	3.22	12.88	12.80	12.20
Cr	45.20	94.10	8.41	−0.33	2.87	70.05	64.71	67.30
Cu	12.79	36.00	3.91	0.45	3.84	23.46	23.24	23.60
F	400.00	788.00	69.18	0.26	2.88	587.09	627.48	566.10
Ga	11.30	19.80	1.50	0.00	2.78	15.57	15.77	14.70
Ge	0.63	1.66	0.18	−0.53	3.30	1.18	1.27	1.20
Hg	4.90	57.32	10.36	0.66	3.07	25.85	18.18	23.50
I	0.60	5.92	0.97	0.56	3.17	2.95	2.11	2.20
La	25.30	45.30	3.44	0.22	2.96	35.41	37.21	33.00
Li	27.65	50.00	3.97	0.26	3.32	38.01	40.96	36.30
Mn	396.48	1 041.00	113.38	0.48	3.02	702.91	697.27	641.60
Mo	0.35	1.75	0.19	0.95	5.26	0.88	0.86	0.80
N	310.80	8 552.96	1 793.64	0.39	2.49	3 336.57	1 185.81	1 464.80
Nb	9.30	18.30	1.54	−0.24	3.25	13.89	14.79	12.80
Ni	16.20	40.40	4.22	0.06	2.91	28.42	26.74	28.10
P	532.00	1 635.00	213.52	0.36	2.83	990.21	734.74	808.90
Pb	15.80	29.70	2.42	0.19	2.74	23.00	22.70	22.00
Rb	74.00	139.00	11.36	0.36	3.02	106.17	110.19	99.40
S	118.00	1 623.38	310.71	0.87	3.28	665.23	316.30	469.70
Sb	0.25	1.62	0.20	0.61	4.53	0.91	0.85	0.90
Sc	5.98	17.20	1.79	0.54	3.89	11.47	11.73	11.10
Se	0.05	0.45	0.07	1.12	4.38	0.21	0.16	0.20
Sn	1.60	4.60	0.50	0.06	3.08	3.08	3.26	2.90
Sr	118.90	322.70	46.53	0.89	2.97	183.74	210.16	209.60

续表 6-10

元素	剔除下限	剔除上限	离差	偏度	峰度	背景值	基准值	全区背景值
Th	8.70	16.44	1.42	0.23	3.22	12.45	12.91	11.30
Ti	2 773.00	5 208.00	401.23	0.14	3.28	3 995.96	3 915.60	3 678.60
Tl	0.37	0.90	0.08	0.50	4.21	0.63	0.70	0.60
U	1.27	3.94	0.47	0.54	3.05	2.57	2.79	2.40
V	40.97	124.00	13.31	0.71	3.91	82.19	80.22	78.90
W	0.92	3.20	0.38	0.90	4.53	1.91	1.85	1.70
Y	15.60	32.80	3.08	−0.23	2.65	24.79	24.97	22.50
Zn	45.90	107.00	10.49	0.14	2.84	75.24	71.65	68.40
Zr	134.00	303.00	26.59	−0.06	4.19	218.84	231.50	206.80
SiO_2	49.04	65.83	3.16	−0.22	2.85	58.34	59.76	57.70
Al_2O_3	9.83	14.61	0.88	0.03	2.54	12.46	12.73	12.00
TFe_2O_3	2.99	6.61	0.65	0.21	2.77	4.75	4.76	4.40
MgO	1.07	3.12	0.35	0.58	3.07	2.05	2.17	2.20
CaO	1.24	10.43	2.30	0.82	2.74	4.23	5.06	5.30
Na_2O	1.03	2.40	0.24	0.25	2.79	1.67	1.91	1.60
K_2O	1.81	3.12	0.23	0.09	2.85	2.45	2.50	2.40
Corg	0.22	10.58	2.29	0.64	2.79	3.76	1.11	1.40
TC	1.11	10.60	1.96	0.74	3.02	4.69	2.25	3.10

（1）Corg、N、S、TC、Br、Hg、I、P、Se、Cd、B、As 背景值较此类土壤基准值偏高，其中 Corg、N、S、TC 背景值显著高于其基准值；Na_2O、Sr、CaO 背景值较此类土壤基准值偏低；其余元素背景值与其基准值基本相当。

（2）Corg、N、TC、Br、S、I、P、Bi、W、Ce、Cd、Mo、Th、Y、Be、Hg 背景值较全区偏高；Sr、CaO 背景值较全区偏低；其余元素背景值与全区基本相当。

第六节　变质岩风化物成土母质土壤基准值

变质岩风化物是指元古宙变质岩所形成的风化残积物，主要分布在中祁连陆块的热水—达坂山—甘禅口一带和南祁连陆块湟源—李家峡—尖扎一带。岩性为以高绿片岩相、角闪岩相为主的变质岩，风化物土层较厚，土壤发育良好，质地以壤土为主，矿物组成以石英、钾长石、伊利石为主，土壤矿物质元素含量较高。此类土壤背景值和基准值统计结果见表 6-11。

表 6-11　变质岩风化物成土母质土壤背景值统计表

元素	剔除下限	剔除上限	离差	偏度	峰度	背景值	基准值	全区背景值
Ag	33.00	110.00	12.78	0.09	2.89	69.98	61.93	66.00
As	6.21	19.19	2.24	−0.08	3.26	12.63	11.45	13.10

续表 6-11

元素	剔除下限	剔除上限	离差	偏度	峰度	背景值	基准值	全区背景值
Au	0.27	2.30	0.36	0.39	3.08	1.24	1.30	1.30
B	27.80	82.00	9.30	−0.12	2.74	55.21	51.84	55.10
Ba	407.00	650.00	41.66	0.13	2.67	525.69	515.07	503.60
Be	1.35	2.67	0.23	0.02	3.01	2.01	2.02	1.90
Bi	0.15	0.49	0.06	0.06	3.05	0.32	0.30	0.30
Br	0.27	12.06	2.14	0.54	3.01	5.65	4.36	4.50
Cd	74.39	300.00	38.14	0.55	3.72	186.18	144.47	172.20
Ce	46.00	93.80	8.16	−0.04	3.14	69.61	71.88	63.90
Cl	60.50	258.00	41.09	0.69	3.07	132.80	127.50	163.20
Co	6.47	20.00	2.30	0.25	3.30	13.12	13.16	12.20
Cr	44.70	97.90	9.05	−0.07	3.21	71.25	67.60	67.30
Cu	13.02	35.91	3.92	0.06	3.50	24.27	24.15	23.60
F	347.00	820.00	82.44	0.08	3.23	588.94	604.94	566.10
Ga	10.20	20.20	1.71	0.10	2.87	15.10	15.15	14.70
Ge	0.69	1.67	0.17	−0.19	3.09	1.19	1.26	1.20
Hg	5.55	51.80	9.18	0.77	3.27	24.52	16.94	23.50
I	0.55	5.40	0.92	0.14	2.44	2.75	2.08	2.20
La	23.98	45.55	3.62	0.07	3.19	34.72	35.54	33.00
Li	22.57	50.70	5.10	0.00	2.94	36.63	36.30	36.30
Mn	378.42	1 017.00	109.83	0.18	2.93	692.11	667.99	641.60
Mo	0.35	1.36	0.17	0.17	3.27	0.86	0.83	0.80
N	227.00	7 312.76	1 648.74	0.52	2.20	2 650.75	820.94	1 464.80
Nb	9.10	17.90	1.50	−0.13	3.20	13.54	13.95	12.80
Ni	15.83	41.60	4.49	−0.25	2.92	29.06	27.88	28.10
P	388.00	1 549.10	212.89	0.51	3.06	911.85	668.93	808.90
Pb	15.80	30.60	2.61	0.31	2.86	22.75	21.56	22.00
Rb	67.60	140.00	12.53	0.10	2.97	102.90	103.32	99.40
S	98.00	1 312.00	248.75	0.64	2.92	567.01	324.37	469.70
Sb	0.36	1.35	0.16	0.04	3.20	0.85	0.83	0.90
Sc	6.42	17.43	1.88	0.23	3.37	11.78	11.83	11.10
Se	0.07	0.36	0.05	0.55	3.06	0.20	0.15	0.20
Sn	1.80	4.30	0.47	0.14	2.96	2.93	2.97	2.90
Sr	89.80	349.80	52.81	0.60	2.54	193.64	212.04	209.60
Th	7.10	17.00	1.71	−0.10	3.37	11.95	12.18	11.30

续表 6-11

元素	剔除下限	剔除上限	离差	偏度	峰度	背景值	基准值	全区背景值
Ti	2 645.00	5 163.90	438.88	−0.06	3.10	3 917.98	3 867.21	3 678.60
Tl	0.40	0.84	0.07	0.12	3.21	0.62	0.65	0.60
U	1.39	3.60	0.39	0.58	3.16	2.44	2.58	2.40
V	36.74	132.00	15.74	0.57	3.78	82.72	83.12	78.90
W	0.92	3.70	0.31	0.76	6.33	1.78	1.70	1.70
Y	15.80	31.30	2.76	−0.08	2.97	23.89	23.60	22.50
Zn	39.20	107.00	11.53	0.20	2.89	72.64	68.23	68.40
Zr	139.00	283.60	22.66	0.05	3.72	209.94	217.66	206.80
SiO_2	47.63	69.00	3.70	−0.04	2.83	58.11	59.67	57.70
Al_2O_3	9.10	14.77	1.05	−0.08	2.59	12.20	12.22	12.00
TFe_2O_3	2.72	6.80	0.70	0.16	3.17	4.71	4.70	4.40
MgO	1.02	3.82	0.44	0.47	3.27	2.23	2.30	2.20
CaO	1.32	12.30	2.67	0.50	2.17	5.18	5.91	5.30
Na_2O	0.89	2.25	0.24	0.01	2.66	1.56	1.66	1.60
K_2O	1.76	3.07	0.24	−0.03	2.62	2.46	2.42	2.40
Corg	0.04	8.71	1.93	0.71	2.62	2.86	0.87	1.40
TC	0.58	8.89	1.63	0.76	2.89	4.04	2.03	3.10

(1) Corg、N、TC、S、Hg、P、Se、I、Br、Cd、Ag、As 土壤背景值较此类土壤基准值偏高;CaO 背景值较此类土壤基准值偏低,其余元素背景值与其基准值基本相当。

(2) Corg、N、TC、Br、I、S、P 背景值较全区偏高;Cl 背景值较全区偏低;其余元素背景值与全区基本相当。

第七章　影响因素分析及应用

第一节　土壤背景值和基准值差异因素分析

全区土壤背景值与基准值的比值 K_2 值大于 1.2 的元素有 Corg、TC、N、Hg、Cd、S、P、I、Br、Se 等,其背景值明显高于基准值；K_2 值小于 0.8 的元素为 Cl,其背景值明显低于基准值；其余大多数元素在表层土壤与深层土壤中含量较接近,背景值与基准值的差别不大。

(1) N、P、Corg、TC 以第四系冲洪积物为成土母质的土壤中 K_2 值最大,此类土壤中植被发育,也是主要的耕作土壤,说明 N、P、Corg、TC 等元素的富集与地表植被的累积作用有关,植物对于有机质的积累作用和固氮作用明显。

(2) Cd、Hg 等元素在表层土壤中的富集主要与地质背景有关,其次与人类生产生活密切相关,其原因有二：①首先除以风积物和湖积物为成土母质的土壤中 K_2 值小于 1.2 外,其余土壤中 K_2 均大于1.2,其中在以中基性火山岩风化物和变质岩风化物为成土母质的土壤中最为显著,故推断元素在成土母质高背景下,植物根系的吸附和元素本身从深层向表层逸散形成表层土壤中元素含量明显高于深层土壤。②另外以冲洪积物＋次生黄土为成土母质的土壤(湟水谷地)中 Hg 的 K_2 值达 1.76,该地区是研究区人类活动最为密集的地区,说明元素在表层土壤中含量明显大于深层土壤与人类活动污染密切相关。

(3) Br、I 在表层土壤中含量明显大于深层土壤,通过上一章分析,Br 和 I 与 Corg、N 相关性很高,故认为表层土壤中有机质对二者的吸附作用使其在表层土壤中富集。

(4) S 的 K_2 值为 1.28 并不能说明 S 在表层土壤中明显富集,土壤中 S 随地表水或地下水迁移作用显著,致使其在西宁盆地和青海湖盆地大量富集。故表现为盆地中表层土壤中 S 的含量大于深层土壤,而山区深层土壤中 S 的含量大于表层土壤,此特征可从不同母质土壤中 K_2 值大小判断出来。

(5) Se 在表层土壤中富集可能与有机质对 Se 的吸附作用有关。

(6) Cl 元素 K_3 值为 0.72,在表层土壤中明显缺失,这可能与横向或纵向的淋溶作用有关。其中以冲洪积物＋次生黄土、风积物、湖积物、红色碎屑岩类风化物和红色碎屑岩类风化物＋黄土为成土母质的表层土壤中 Cl 含量明显低于深层土壤,这类土壤主要分布在西宁盆地、青海湖盆地及贵德盆地,故推断与元素的淋溶作用密切相关。

第二节　元素地球化学承袭性

元素在岩石→岩石风化物(成土母质)→土壤形成过程中发生迁移转化,其中土壤对成土母质的元素地球化学特征的承袭决定着土壤的地球化学特征,鉴于不同元素具有不同的地球化学特性,故土壤对成土母质元素承袭有所差异。水系沉积物在一定程度上反映上汇水域内岩石风化物地球化学特征,故将水系沉积物地球化学特征视为成土母质地球化学特征,研究成土过程中元素的承袭性。

研究区 1∶20 万水系沉积物测量于 20 世纪 90 年代完成,由于测试水平、工作方法的不完善,将水系沉积物中元素的含量以深层土壤背景值/水系沉积物背景值的比值进行调整,调整系数为 1.175。将深层土壤背景值/调整后水系沉积物背景值视为承袭度,以此衡量不同元素在成土过程中的承袭性(表 7-1)。

表 7-1 土壤中元素承袭度统计表

元素	水系沉积物背景值	深层土壤背景值	调整后水系沉积物背景值	承袭度	元素	水系沉积物背景值	深层土壤背景值	调整后水系沉积物背景值	承袭度
Ag	60.90	61.86	71.62	0.86	Mn	573.50	631.86	674.44	0.94
Al_2O_3	10.80	12.12	12.70	0.95	Mo	0.60	0.79	0.71	1.12
As	9.40	12.29	11.05	1.11	Na_2O	1.60	1.69	1.88	0.90
Au	1.10	1.40	1.29	1.08	Nb	12.10	13.12	14.23	0.92
B	47.90	53.30	56.33	0.95	Ni	22.90	27.12	26.93	1.01
Ba	484.00	489.27	569.18	0.86	P	567.30	638.76	667.14	0.96
Be	1.90	1.95	2.23	0.87	Pb	19.90	21.57	23.40	0.92
Bi	0.20	0.30	0.24	1.28	Sb	0.60	0.93	0.71	1.32
CaO	4.90	6.56	5.76	1.14	SiO_2	62.60	58.64	73.62	0.80
Cd	100.00	135.90	117.60	1.16	Sn	2.40	2.94	2.82	1.04
Co	10.20	12.30	12.00	1.03	Sr	203.90	234.74	239.79	0.98
Cr	52.20	64.79	61.39	1.06	Th	9.40	11.43	11.05	1.03
Cu	20.70	23.43	24.34	0.96	Ti	3 298.70	3 652.84	3 879.27	0.94
F	499.20	581.83	587.06	0.99	U	2.10	2.43	2.47	0.98
TFe_2O_3	3.80	4.38	4.47	0.98	V	68.00	78.71	79.97	0.98
Hg	16.00	17.12	18.82	0.91	W	1.50	1.65	1.76	0.94
K_2O	2.10	2.40	2.47	0.97	Y	21.30	22.64	25.05	0.90
La	32.70	32.59	38.46	0.85	Zn	52.80	65.93	62.09	1.06
Li	30.70	36.72	36.10	1.02	Zr	150.00	208.16	176.40	1.18
MgO	1.90	2.35	2.23	1.05					

(1) SiO_2、La、Ba、Ag、Be、Na_2O、Y、Hg、Pb 承袭度低,说明元素在土壤中含量相对降低。

(2) Sb、Bi、Zr、Cd、CaO、Mo、As 承袭度高,说明元素在土壤中有一定程度的富集。

由此可以看出,土壤对元素的承袭度很大程度上决定于矿物的稳定性及元素的活性,SiO_2、La、Ba、Ag、Be、Na_2O、Y、Hg、Pb 等元素承袭度低,Na_2O 在岩石、土壤中均易风化流失,其他元素相对稳定,进入土壤中相对较少;Sb、Bi、Zr、Cd、CaO、Mo、As 等元素在岩石中相对易风化,并且进入土壤中后因各种物理化学条件而富集,形成较高的含量。

第三节 土壤风化淋溶

一、表层及深层土壤成分对比

在同一地区土类相同的表层及深层土壤成分差异比较中其差异显著,主成分的表层与深层比值定为 1 ± 0.02,微量元素定为 1 ± 0.05。表层、深层成分差异显著的成员列于表 7-2。

表 7-2 表层、深层土壤成分差异性对比表

元素	表层、深层	元素	表层、深层	元素	表层、深层
Corg	2.77	W	1.02	Sc	0.99
N	2.64	K_2O	1.02	V	0.99
TC	1.64	Ba	1.02	Mo	0.99
Hg	1.33	Ti	1.02	SiO_2	0.99
Br	1.32	Rb	1.02	F	0.99
Cd	1.30	Sb	1.01	Nb	0.99
I	1.29	Mn	1.01	Tl	0.98
P	1.28	La	1.01	Cu	0.98
Se	1.19	Y	1.01	Co	0.97
U	1.14	Ga	1.01	Au	0.97
S	1.14	Be	1.01	pH	0.97
Ag	1.07	Zr	1.00	Sr	0.95
Zn	1.06	Ce	1.00	Cr	0.95
B	1.04	Th	1.00	Na_2O	0.94
Bi	1.03	Li	1.00	Ni	0.94
Pb	1.03	TFe_2O_3	1.00	Ge	0.93
Cl	1.02	Al_2O_3	1.00	MgO	0.92
As	1.02	Sn	0.99	CaO	0.91

从表 7-2 中可以看出:

(1) Corg、TC、N、P 在表层土壤中明显富集,是植物抽取积累的结果,也有部分可能是人工添加的结果。

(2) Hg、U、Cd 在表层土壤中含量明显大于深层土壤主要是人类活动污染所致。

(3) 表层土壤中有机质对 Br、I 的吸附作用使其在表层土壤中富集,另外可能与表层土壤中形成的

膏盐层有关。

(4) 土壤中 S 随地表水或地下水迁移作用显著,致使其在西宁盆地和青海湖盆地大量富集,故表现为盆地中表层土壤中 S 的含量大于深层土壤,而山区深层土壤中 S 的含量大于表层土壤。

(5) Se 含量的偏高,除了植物抽提累积外,还可能因为它们在高钙(镁)环境下,部分形成了如亚硒酸钙(镁)($CaSeO_3$、$MgSeO_3 \cdot 6H_2O$)等难溶化合物。

(6) CaO、MgO、Na_2O、Ni、Ge 在深层土壤中较为富集可能与土壤中的淋溶作用有关。

二、风化淋溶强度估计

风化淋溶系数为盐基阳离子相关的 K_2O、Na_2O、CaO 和 MgO 总量同 Al_2O_3 的比值,其表达式为:

$$ba = \frac{K_2O + Na_2O + CaO + MgO}{Al_2O_3}$$

水土流失是指在水力、重力、风力等外营力作用下,水土资源和土地生产力的破坏与损失,包括土地表层侵蚀和水土损失,亦称水土损失。伴生水土流失的是土壤中矿物质的流失,可以通过土壤中矿物质流失程度判别水土流失的程度和风险,为治理和防治提供依据。因此,可通过土壤风化淋溶系数判别水土流失程度和风险级别。

风化淋溶系数越大说明水土流失越为严重,并依此推断可能发生水土流失的风险区域。从风化淋溶系数图(图 7-1)可以看出,湟水河流域、青海湖流域、黄河流域水土流失已十分严重,青海湖北部海晏、刚察及门源地区也正在发生水土流失或存在水土流失的风险。

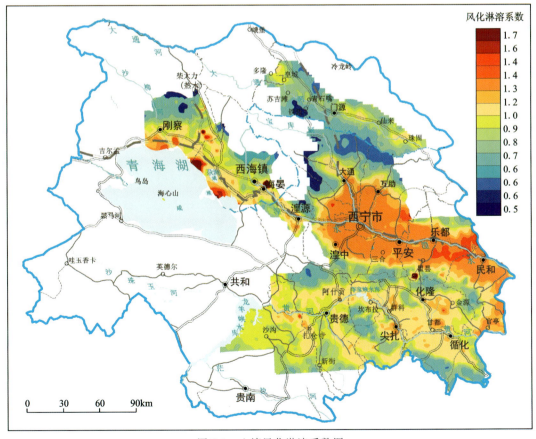

图 7-1 土壤风化淋溶系数图

第四节 元素时空演化规律

地质构造演化伴随着元素的时空演化,通过对地质构造演化规律及地质单元元素地球化学特征的研究可以分析元素的时空演化规律,也可以从元素分布规律反衍出构造演化特征。西宁-民和盆地是青海省政治文化中心,是主要的人类活动聚集区和农耕区,在此以西宁-民和盆地为重点研究元素的时空演化规律,对该地区农业地质研究和环境地质研究具有重要意义。

一、构造演化规律

西宁-民和盆地是青海省东部的串珠状盆地,在燕山运动早期造成堑垒相间的构造格局,其间为晁家庄凸起(地垒)所分割。早白垩世,在盆地总体下降中,晁家庄凸起没入水下,从此进入连通湖发展阶段。但是,这两个盆地的发育是不平衡的,时间也有先后。早白垩世,位于东边的民和盆地沉降幅度较大,沉积中心在民和盆地。晚白垩世以后,民和盆地渐趋稳定,而控制西宁盆地的边界断层则活动较甚,西宁盆地开始强烈沉陷,沉积中心由民和盆地迁移至西宁盆地。由于控制盆地的边界断层自东而西依次复活,西边的盆地呈阶梯状下降、加深,使溶于水的盐类物质向那里汇集,而碎屑物质则留在原地,因此东、西两个盆地的沉积类型不同,位于东边的民和盆地是一个碎屑盆地,位于西边的西宁盆地是一个石膏、钙芒硝盆地,民和盆地成为西宁盆地成盐的预备盆地。

二、元素时间演化规律

以西宁-民和盆地深层土壤为研究对象,以该地区土壤元素基准值为参考标准,研究盆地形成过程中元素随时间演化规律,从元素时间演化趋势图(图7-2)上可以看出以下内容。

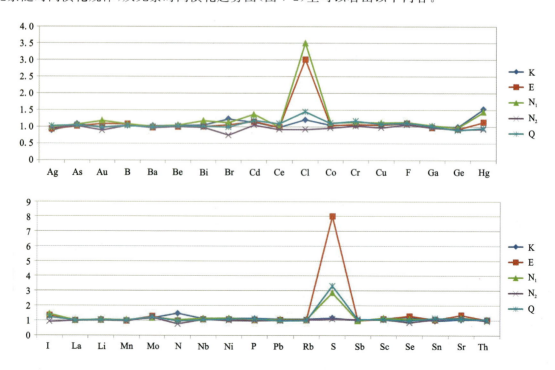

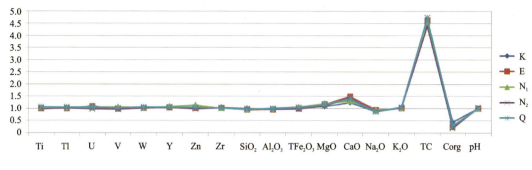

图 7-2　西宁-民和盆地元素时间演化规律图

(1) 自早白垩世盆地接受沉积以来,Br、I、Cl、S、Se、Sr、Hg、CaO、MgO、TC、Corg、N 发生明显变化,其余元素基本保持稳定。

(2) 自早白垩世至晚白垩世盆地由淡水湖泊演化为咸水湖泊,古气候由热带、亚热带湿热气候逐渐变为热带、亚热带干旱气候,伴随着这种变化,盆地中 Br、I、Cl、Hg、MgO、CaO 逐渐积累,含量呈上升趋势。Br、I、Cl 的积累是由于盆地基底断裂复活,形成若干个水下凹地,形成封闭、半封闭还原环境,最终发生盐类物质的沉淀。

(3) 自古近纪开始,西宁盆地开始剧烈沉陷,盆地开始退缩,沉积了一套干旱气候下形成的红色复陆屑建造和含盐建造地层。故该阶段盆地中 Cd、Cl、I、S、Se、Sr、CaO、Hg、TC 进一步积累,Cl 和 S 含量急剧增加,二者的急剧增加是由于盆地中的盐类矿物沉淀已开始进入氯化物阶段,形成石膏层。Se、Sr 的积累与盐湖环境和膏盐矿密切相关。

(4) 中新世盆地基底开始抬升,向西迁移,水体范围扩大,水体开始淡化,盆地接受咸水湖滨相沉积,凹地中形成少量石膏层。该阶段盆地中 Au、Bi、Cd、Cl、Hg、I、S、CaO 逐渐积累,其中 Cl 和 S 急剧积累。Au、Bi 等的积累可能是由盆地边缘陆源碎屑带入的。

(5) 上新世盆地继续退缩,至上新世晚期古湖泊消失,水系由盐水变为咸水,石膏已绝迹代之以泥灰岩,盆地中 Cl、Br、I、S 等已不再积累,仅 CaO 继续积累。

(6) 第四纪盆地处于强烈上升与下切的地质时期,盆地大量接受冲洪积堆积物、坡积物、风积物和少量化学堆积物。盆地边缘的物质向盆地中央堆积,同时将盆地边缘的膏盐物质带入盆地中央,使盆地中 Cl、S 继续积累。

(7) 关于 Cd 和 Hg 在上新世之前持续积累,可能与该极端盆地中构造活动频繁有关。TC 在各个阶段地层中均呈现较高含量,一方面与该阶段沉积的含碳质泥灰岩有关,另一方面与现阶段植被发育程度有关。Corg 含量均呈低含量是由于盆地中有大量的耕地,耕作使土壤中的有机质含量下降。

三、元素空间分布规律对盆地行迹的反衍

通过对盆地演化过程中元素演化规律的分析研究,可以得知盆地演化各个阶段表征元素的分布特征,从而可以从表征元素分布反衍出盆地演化行迹。

(1) 盆地周边行迹反衍。盆地自接受沉积以来各个阶段都有不同元素的积累,但 CaO 自始至终都有持续积累,因此认为 CaO 是盆地沉积的表征元素,以 F3 因子计量图(图 7-3)可以清晰地反衍盆地周边的行迹。

(2) 盆湖退缩初期行迹反衍。自古近纪开始,干旱气候下西宁-民和盆地开始剧烈沉陷,盆湖开始退缩,盆湖中 S 急剧积累,因此可以 S 作为表征元素反衍盆湖开始退缩阶段行迹(图 7-4)。

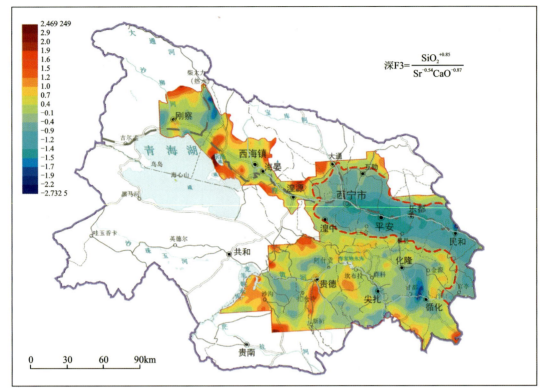

图 7-3 西宁-民和盆地周边行迹反衍图

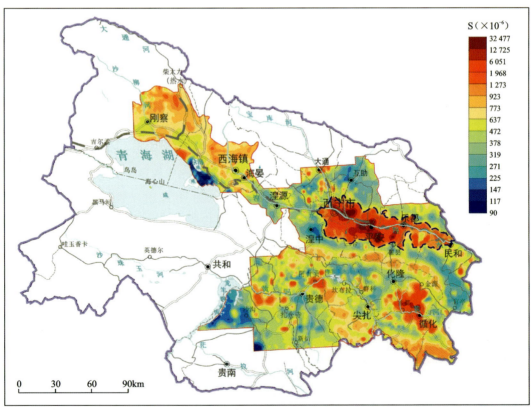

图 7-4 盆湖退缩初期行迹反衍图

(3) 盆湖退缩末期行迹反衍。自上新世晚期古湖泊消亡,由盐水变为咸水,石膏已绝迹,取而代之的是泥灰岩,盆地中 Cl、Br、I、S 等已不再积累。因此以 Cl、Br、I、S 累加地球化学图(图 7-5)反衍盆湖消亡末期行迹,可以看出末期仅在湟中田家寨、互助双树、乐都浦台、民和海石湾地区残留小盆湖。

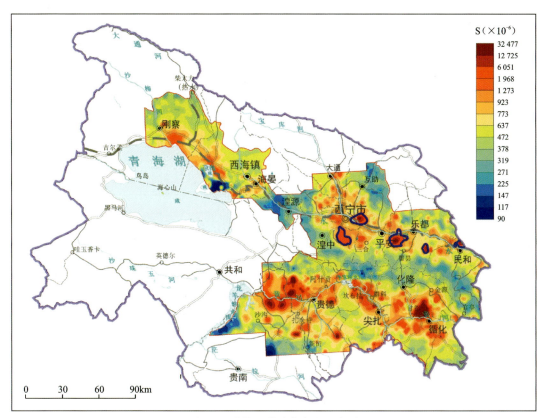

图 7-5　盆湖退缩末期行迹反衍图

第五节　土地沙漠化、盐渍化遥感地球化学协同监测

一、土地沙漠化遥感解译

遥感解译在遥感制图的基础上利用人机交互形式进行工作区解译,主要解译内容包括土地盐渍化和土地沙漠化。对土地沙漠化范围进行详细解译,圈定调查区活动沙丘、固定沙丘、半固定沙丘的范围。

对研究区土地盐渍化区域进行详细的圈定,判断盐渍化范围区域与非盐渍化界线。反复对比分析解译,尽可能地排除"同物异谱""同谱异物"现象对图像判读的困扰。

在遥感解译基础上,主要通过遥感解译标志地球化学特征的对比研究,提取地球化学标志,并建立地球化学模型,实现遥感地球化学协同监测。

(一)解译标志建立

解译标志的建立应从粗到细,逐步补充、充实、完善。地质体、地质现象在遥感影像上表映的直接面貌为直接解译标志,而借助地形地貌、水系、植被等间接因素来判译的地质内容为间接解译标志。

	活动沙丘影像特征:活动沙丘在影像上呈粉色、紫色、黄色,表面粗糙呈系列新月状、波浪状影像特征
	半活动沙丘影像特征:半活动沙丘在影像上呈粉色、紫色与黄褐色、黄绿色条带状相间影像特征,表面粗糙,沿风向呈平行线条状展布
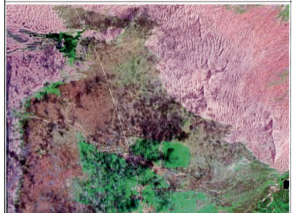	固定沙丘位于活动沙丘局部,表面较平滑,呈黄褐色、黄绿色,色调较深,植被较发育
	土地盐渍化区位于湖积平原及山前倾斜平原,湖水呈浅蓝色,盐渍化区植被不甚发育,在影像上呈灰白色色调,湖积平原区地下水大量泄出,植被较发育,属于盐渍化较轻的区域

(二)遥感解译结果

通过遥感解译较精确地识别出青海省东部主要的土地沙漠化和盐渍化区域(图 7-6)。土地沙漠化主要分布区域有二,一为青海湖沿岸,二为共和盆地。青海湖东部沿岸沙漠化最为严重,以沙岛为中心向东逐步扩展,另外,鸟岛附近也有小面积沙漠化。共和盆地从哇玉香卡至贵南分布大面积沙漠化土地,以半固定沙丘为主,在龙羊峡北岸和贵南北部分布大面积活动沙丘,逐年向东推进。

土地盐渍化主要分布在共和盆地沙珠玉河两侧,呈北西向条带状展布,盐渍化区域主要为盆地和山区的过渡地带。

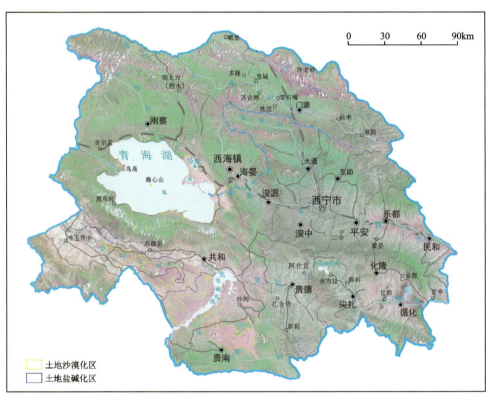

图 7-6 土地沙漠化和盐渍化区域遥感解译图

二、土地沙漠化地球化学预测模型

在遥感解译的基础上,反演沙漠化地球土壤元素地球化学特征,发现土壤中易于流失的 F、Cl、Br、I 和养分元素 C_{org}、N、P 含量很低,C_{org}、N、P 含量持续下降是沙漠化前兆现象,F、Cl、Br、I 含量下降是沙漠化同发过程。因此通过不断对比反演建立以 F、Cl、Br、I 为基础的沙漠化现状地球化学预测模型,建立以 C_{org}、N、P 为基础的沙漠化远景地球化学预测模型,模型如下。

沙漠化现状地球化学预测模型 $=(F/300+Cl/75+Br/2+I)/4$。

沙漠化远景地球化学预测模型 $=(N/350+P/400+C_{org}/0.2)/3$。

预测结果见图 7-7 和图 7-8,沙漠化现状地球化学预测结果与遥感解译结果十分吻合,且较遥感解译更为精致,可划分沙漠化程度等级。沙漠化远景地球化学预测主要反映未来一段时期内有可能发生沙漠化的区域。

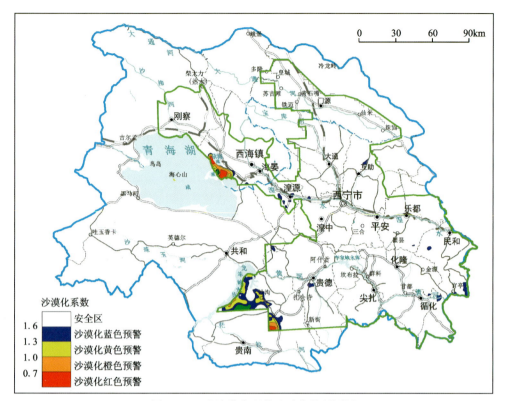

图 7-7 土地沙漠化现状地球化学预测图

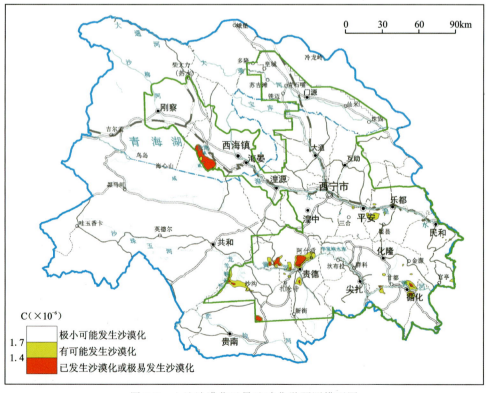

图 7-8 土地沙漠化远景地球化学预测模型图

主要参考文献

刘英俊,曹励明,李兆麟,等. 元素地球化学[M]. 北京:科学出版社,1984.

陆景冈. 土壤地质学[M]. 北京:地质出版社,1997.

青海省地质矿产局. 青海省岩石地层[M]. 武汉:中国地质大学出版社,1997.

青海省农业资源区划办公室. 青海土壤[M]. 北京:中国农业出版社,1997.

魏复盛,陈静生,吴燕玉,等. 中国土壤环境背景值研究[J]. 环境科学,1999,12(4):12-19.

魏复盛,杨国治,蒋德珍,等. 中国土壤背景值基本统计量及其特征[J]. 中国环境监测,1991,7(1):1-6.

鄢明才,顾铁新,迟清华,等. 中国土壤化学元素丰度与表生地球化学特征[J]. 物探与化探,1997,21(3):161-167.

中国环境监测总站. 中国土壤环境背景值[M]. 北京:中国环境科学出版社,1990.

后 记

《青海东部土壤地球化学背景值》是青海省地质勘查的重要基础性成果之一。土壤背景值是研究土壤环境质量、土壤生态安全、土壤监测、预警预测的重要基础,从20世纪80年代开始,不同部门开展了多项研究工作,在土壤背景值研究方法和成果方面积累了宝贵的经验及丰富的资料。

本次研究立足于"青海省多目标区域地球化学调查"等项目成果,遵循科学性、可靠性和实用的原则,进行背景值研究。研究工作中突出了地质和地球化学特色,在地质和地球化学特征研究的基础上,确定了土壤背景值的主要影响因素即成土母质,并以此为单元,系统统计计算了土壤背景值和基准值。研究的元素多达52种,对部分元素分不同形态进行了统计。《青海东部土壤地球化学背景值》是目前青海东部最具价值的背景值研究成果,该成果的出版,不仅为农业、环境、国土、地质等部门提供了一本内容详实、资料丰富的基础性参考资料,也为青海省土壤环境质量标准制定、土壤环境监测与评价、区域地球化学研究提供了重要的技术支撑。

《青海东部土壤地球化学背景值》共设7章,第一章绪论由苗国文、马瑛、代璐编写;第二章区域背景由苗国文、姬丙艳、沈骁、姚振编写;第三章工作方法技术由马瑛、许庆民、姚振、张亚峰编写;第四章土壤地球化学特征由姬丙艳、马瑛、姚振、沈骁、刘庆宇编写;第五章土壤地球化学基准值由苗国文、许庆民、姚振、刘庆宇、杨映春编写;第六章土壤地球化学背景值由马瑛、姬丙艳、沈骁、代璐、张亚峰、马凤娟编写;第七章影响因素分析及应用由苗国文、马瑛、姬丙艳、许庆民编写。参加工作的还有田兴元、潘燕青、闫建平、韩思琪、张浩、马强、黄强、贾妍慧等。全书由苗国文、马瑛、姬丙艳负责统稿。本书在编写过程中,得到了成杭新博士的悉心指导,他对本书进行了认真审阅,并提出了宝贵意见,在此一并致谢!

受水平所限,文中如有疏漏、错误之处,请读者批评指正。